悦　读　阅　美　·　生　活　更　美

女性生活时尚阅读品牌

☐ 宁静　☐ 丰富　☐ 独立　☐ 光彩照人　☐ 慢养育

优雅与质感4

熟龄女人的风格着装

[日]石田纯子 著　于太阳 译

漓江出版社

很多女性都有这样的心愿：明天的我穿着这件衣服大放异彩，比今天的我更加漂亮。让我们通过这本书来完成你的心愿吧！

穿衣打扮这件事对于大部分女性来说是喜忧参半的。在她们喜悦的同时也颇感压力。从朋友孩子的婚礼、亲友聚会、同学会、海外旅行、参观美术馆等活动中解脱出来的女性，当她们回归自我独处的时候，往往会不知自己要做些什么，甚至不知道该何去何从，同时也会被“穿什么去好呢”“怎样打扮才够时尚入流呢”等这些问题烦扰。当然穿衣打扮这件事不仅要考虑时间、地点、场合等因素，还要考虑衣服的舒适度、衣服给人的印象、适不适合自己，以及能不能体现自己的时尚品位等因素。甚至年轻时不必考虑的“这身搭配是否行动方便”这样的问题，现在都成了不得不考虑的因素。面对有些时尚的服装造型，她们变得胆怯起来，在穿衣打扮上犹豫不决。

在听取了众多女性关于穿衣打扮的烦恼之后，石田纯子女士将在本书中为那些面对时尚装扮不知所措的熟龄女性解答疑惑。

很多人都有这样的想法：我想听听石田女士的意见，我想问问这件衣服是不是适合我，我想通过石田女士的帮助把自己打造成自己想成为的样子。

为了能够给这些烦恼于如何挑选衣服的人士提供帮助，我们严格挑选出不同的种类加以介绍。

我们挑选出来的衣服不管哪一套都符合以下五项要求：1.符合穿衣搭配的基本原则；2. 提高你的穿衣搭配能力；3. 让你的风格鲜明起来；4. 有穿衣品位；5. 不显老。本书会将挑选出来的衣服作为“经典款”展示出来，主要有基本款式、时尚款式、休闲款式等，我们将以这些款式的衣服为基础进行搭配建议的分析。

我们向您推荐的衣服适合所有的熟龄女性，每一件都会让您比今天更加漂亮。读了本书就像现场接受了石田女士面对面的建议一样，让我们一起找出能够提升我们穿衣品位的建议吧。

大约从 7 年前开始，石田女士就开始在东京新宿的伊势丹新宿店的女装部开始担任私人咨询顾问。她接待的女性顾客从 20 多岁到 80 多岁，年龄层十分广泛。几乎是从见到顾客的第一眼开始，她便调动脑中的灵感，为眼前的顾客挑选适合她的 20 多套衣服。

石田女士的建议总是能精准地抓住客人的心理，明确地获悉客人的目标，总能在第一时间既快又准地为客人挑选出完美搭配。另外，她在为你搭配衣服的同时还能提高你穿衣打扮的能力，为你消除体形上不够完美的烦恼。

石田女士会通过和客人的交谈了解客人想要的时尚路线和穿衣风格。在此基础上帮客人挑选出 10 套左右的服装进行搭配，然后进行摄影。最后，一边看着照片一边讨论每套搭配给人的印象。

进入伊势丹新宿店的第四层，你会发现这里有 50 多种品牌的衣服。品牌和品牌之间并没有被分隔开来，因此在挑选衣服时不会受到单一品牌的限制，因此也能更多地挑出适合客人的搭配。

目录

Contents

Contents

Lesson 2 067

时尚元素 有女人味儿的穿衣打扮

Contents

休闲款式 吸引人目光的穿着打扮

Contents

前言

我们在提供造型建议时，尽量打破“这个年龄的人就适合这种风格的衣服”这种先入为主的观念，我们会结合“您想成为的样子”的心愿给您提供建议。

石田纯子

我总共为500多位的普通大众提供了私人造型建议。她们当中的大多数都是40～50岁的成熟人士。她们往往注重服装的高品位、舒适度以及年轻化。在向她们提供建议时，我一边照顾她们内心的想法，一边提出一些能够打动她们内心的建议。很多造型师会有这样的体会：即使向顾客推荐了当季相当流行的款式，还是不能打动熟龄女性的心。

如果向不知如何更好地穿衣搭配的顾客推荐了10套以上的服装，其中有平时穿的让人感觉不好不坏的服装，也有一些从来没有挑战过的颜色和款式，那么如果后者更适合

造型师在提供建议时，首先会让我们接触大量的服装，去体会服装搭配的乐趣。比如，怀着冒险的心态，尝试一件从来没有穿过但是很漂亮的针织衫，人的心整个都活了起来。

她的话，就应该着重推荐后者。当然，刚开始有的顾客会犹豫，但是穿上之后拍照，顾客看到照片后眼前一亮，感觉到和之前的自己完全不同，和自己想变成的样子十分接近。像这样，如果顾客感受到了服装带给她的兴奋感，那么所谓的时尚搭配也就开始了。

有很多人喜欢上了我的造型建议，每个季节都会过来咨询。在此之前，那些只追求干净整洁就好、对时尚打扮完全没有兴趣的人，总是穿同一款式、同一风格衣服的人，将时尚视为装嫩、不再对穿着打扮用心的人，总之就是停止了时尚地穿衣打扮的人，她们在接受了造型建议之后，了解了自己从未有过的一面。她们没有想到，仅仅一件衣服也可以让她们有心跳的感觉，享受到穿衣打扮的乐趣。

“到了50岁，想着穿衣打扮也是为了周围的人，但是，听了石田女士的造型建议之后，我重新审视自己的发型、发色、肤质、穿衣打扮，并成功减重5公斤。”

“我穿上了石田女士推荐的褶饰外套之后，丈夫很喜欢，我也很开心。我享受到了穿衣打扮的乐趣。”

“我明白了一件事，那就是不管多大年龄都有属于她相应年龄段的可爱。”

“通过穿衣打扮，让我不管在什么样的场合下都变得勇敢自信。”

说这些话的顾客，都以穿衣打扮为契机，改变了自己的人生态度和生活方式。听到这些反馈，我很高兴。

穿上自己喜欢的衣服，我们整个人的状态也会变得积极向上。这样我们不仅对衣服，而且会对发型、容颜、肌肤也变得在意起来。被别人称赞“你真漂亮”时，穿衣

穿上这身衣服会让人忍不住赞您一句“您看上去真干练”。它不仅时尚、舒适，还可以遮挡身材上的不完美。

厚厚的牛仔裤搭配一件皮质短外套，彰显你的品位和气质。

打扮的价值就得到了进一步提升，时尚的穿衣打扮的确给予了我们无以言表的自信心。

本书以我提供给顾客的大量的造型建议为基础，整理了很多向熟龄女性推荐的如何选择春季款式的窍门和搭配方法。如果这本书能为更多的人打开时尚之门，我将不胜荣幸。

这个春天选择一件鲜亮颜色的针织衫和一条牛仔裤，做一个明艳动人的女子。

休闲时刻，穿上迷你花纹短裙和皮质短上衣让你年轻又漂亮。

一改往日自己喜欢的颜色，挑战印花服饰，给人华丽的印象。

说到整洁、有品位、可以自由搭配的颜色，就让人想到黑色和米色，但是，站在时尚的拐角处不知所措的人们又想从便利、毫无特色的穿衣方式中摆脱出来。通过选择对材质和裁剪要求较高的款式，让我们掌握关于基本颜色的漂亮搭配吧。另外，那些看起来很难搭配、太过显眼的鲜亮颜色，一直以来我们都对其敬而远之。而通过穿衣搭配，这样的颜色也会为我们的穿衣打扮加分。

Lesson 1.

颜色

关于基础色·鲜艳色的穿衣打扮

主题1

BLACK 黑色

充满女人味的蕾丝不适合正式场合，而应在日常生活中使用。

斜纹织法的羊毛衫给人规整感，因此应该搭配短外套或者西装。

有着休闲风格的针织面料应该和有女人味的款式搭配。

有着隐隐约约的光泽感和凹凸感的黑色布料应该在优雅的场合穿着。

通透的黑色布料给人成熟、整洁的感觉。

有光泽和弹性的塔夫绸让人感觉质感十足，也可以用于休闲风格的服饰。

消除一直以来黑色给人的整洁、正式的制服感

有很多人说:“黑色服装在绝大多数场合下穿着都不会显得失礼,所以我很喜欢。”确实,有着规整感的黑色很容易搭配衣服、耐脏、适合很多场合、穿起来很方便。正因为如此,我们就很容易在选择服装时说“暂且选黑色的吧”。但是,殊不知,黑色对于肌肤比较暗的熟龄女性来说是十分危险的颜色。身穿黑色服装时,有时会被人问:“你今天看起来有些憔悴,很累吗?”让我们来重新审视一下黑色服装吧。

穿着黑色服装的关键点就是搭配颜色鲜艳的服饰。虽然都是我们所说的黑色服装,但是因为材质的不同给人的感觉也会不同,所以最重要的就是选择有特色的黑色款式。浑身都是毫无亮色的黑色的话,那么整体就像是穿了一身正装一样,或者给人感觉像是制服一样毫无个性。同样是黑色,选择有光泽和通透的款式就会让人感觉服装整体错落有致、潇洒流畅。

其实,黑色也是很有个性的颜色,它会随着搭配的衣服款式和小饰品的不同而给人截然不同的印象。就像上面介绍的那样,搭配靓丽的颜色、花纹款式和有光泽的款式,黑色服装整体就会变得明艳、华丽。最后,为了配合黑色服装的搭配,要比平时更加注重发型和妆容。想要将黑色服装穿出酷酷的效果,就既不能显得太寒酸也不能过于奢华。让我们注重细节,将黑色服装穿出多姿多彩的效果吧。

1 **在设计和材质方面选择有个性的款式和黑色进行搭配，单纯只穿黑色服装不可取。**

如果选择普通的材质和基本的纯黑色款式，整体就会过于单调朴素。正因为是黑色才应该选择有光泽和通透的材质，还要选择别具心裁的设计款式。

2 **如果选择没有特点的黑色布料作为基本款服装的话，那么就要在搭配款式方面下功夫了。**

在基本款式服装上选择搭配其他款式的服装和小饰品时，应该选择柔和的材质和花纹。通过搭配不羁风格的服饰来摆脱它的过分正式感。

3 **给一身全是黑色的服装进行搭配时，应该考虑到妆容和发型这些细节。**

土气的妆容和发型加上全身黑色服装，这样给人感觉很单调。让我们好好利用妆容和发型来照亮今天的心情吧。

左图是黑色连衣裙搭配黑色对襟开衫，
整体都是黑色没有独到之处的话，很难给人留下深刻印象。

右图是厚重的羊毛材质的套装，
整体的黑色给人感觉很笨重，是个搭配失败的范例。

基本款01
纯黑色圆领短外套

我们恨不得在所有的场合下都穿黑色服装，关键是要选择不太平常的材质和款型。

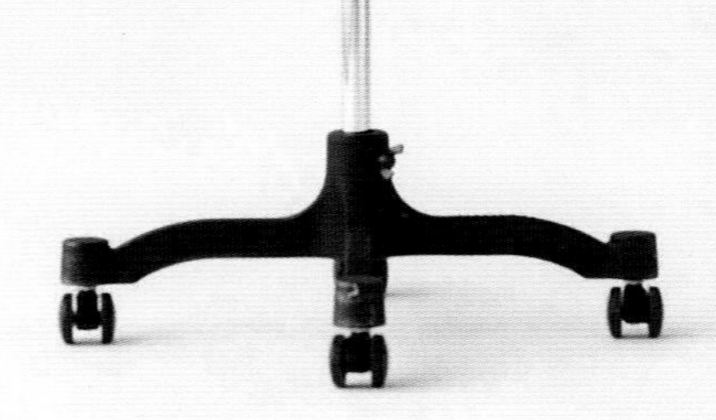

在所有的黑色服装中，我们首先想到的就是黑色短外套。一件让自己拥有自信的短外套，无论是出席正式场合还是平时的休闲娱乐，都可以穿着。已经拥有这样衣服的人也请再次感受一下黑色短外套给你带来的魅力。实际上，正是因为它是你每年必穿的黑色短外套，所以你更能感受到时代的变化。

在这里着重推荐您关注的就是紧致的肩部线条和收身的腰部线条。加上它略有光泽的材质，以及及臀的尺寸刚好迎合了现在的时尚潮流。另外，它也可以作为对襟开衫穿着，这也是纯黑色短外套的一个亮点。因此，尽管它是每年应季的常见服装，但是依然可以给人留下华丽的印象。

全身都是黑色

本套搭配
虽然全身都是黑色，
但是看起来一点
也不笨重、呆板。
它的秘诀就是
稍带光泽的服装材质和
精巧的搭配。

这款短外套的面料采用了羊毛、尼龙混纺，使得这款短外套不仅具有弹性还略带光泽。收身的版型凸显成熟之美，搭配上连衣裙，可以在庄重的场合穿着。再搭配一条到胸口的珍珠项链更显品位。

这款连衣裙稍微收高了腰部，凸显出了女性瘦而美的身体曲线。因此脱掉外套穿着也很漂亮。可喜的是，它也可以和其他短外套任意相搭配。

黑色占整体搭配的80%

搭配时添加其他的颜色、花纹和柔软材质的服装，减少黑色给人的笨重、呆板的印象。

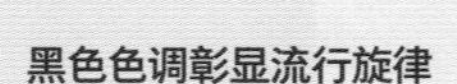

黑色色调彰显流行旋律

> > >

这是一款看起来很时尚潇洒的黑白配。让里面的内搭下摆稍微露出，使得两件衣服相互映衬的同时还能遮挡腹部线条的不完美，巧妙地增加了上身的亮点。

想要将黑色服装穿得更加时尚，关键就是朝着华丽的方向打扮。虽然黑色短外套给人的感觉呆板、强硬，但是它和其他服装很好相配，它可以随着搭配的不同而发生很大变化。我们不要总把它当作套装来穿，可以尝试和各类服装进行搭配。正因为我们将可塑性如此强的服装作为我们的搭配对象，才更能展示出我们穿衣搭配的能力。

在这里我们列举出了黑色占整体服装搭配的30%、60%、80%的例子，不管哪种情况，它的搭配关键都是通过添加其他颜色的服饰以及小饰品来增加华丽感。小饰品主要是有质感的项链、带褶的围巾等比较显眼的物品。春夏季节褶饰女士衬衫、柔软材质的连衣裙都可以使黑色短外套看起来更加轻盈、华丽。

黑色占整体搭配的30%

搭配柔软材质、亮色的服装，使得黑色短外套也有了春天气息，彰显出女性美

> > >

搭配海绿色的褶裙使得黑色短外套一下子变得柔和起来。为了不使黑绿搭配显得过于突兀，再搭配一条和短裙同一色调的围巾，这样整体就更加和谐了。

搭配一件带褶的女士衬衫，使华丽的黑色外套看起来更加有品位

> > >

单纯穿着黑色短外套容易让人觉得强硬、呆板。搭配一件瘦版型的裤子和一件材质柔软的印花女式衬衫，使得整体看起来更加华丽。选择稍微长一些的衬衫，让它和黑色服装相融合，这样外套和衬衫搭配起来就没有违和感。

基本款02

纯黑色V领
短外套

基本款03

西装领
短外套

为了使纯黑色的短外套不至于呆板、无趣，我们尽量给它增加华丽的气息

穿着一件成熟的黑色短外套的关键就是让它显得不死板，而且版型和袖口要够瘦，这样才能显现出你完美的线条。再有就是搭配一些让人感觉华丽的服装或者小饰品。

02这款黑色短外套采用了不深不浅的绝妙V领设计，这样的设计可以展现出干练的女人气质，同时恰到好处的收腰设计和下摆设计都给人以不着痕迹的华丽感。

03这款短外套乍一看属于常见的西服领短外套，但是，它的衣领更加窄，肩部的线条也更加自然。而且全毛的材质使它更有光泽，不仅没有厚重感反而显得华丽。

基本款02

Scene 1

参加朋友聚会时，穿出甜美与干练的混搭风

> > >

此款搭配充分展示了短外套的简单之美，灰色的直筒裤显示出女人的干练。金银线的针织衫增加了上身的亮点。整套搭配尽显女性帅气。

Scene 2

整套搭配
既规整又女人味十足，
是一套在职场上
也可以穿着的服装。

收腰的黑色短外套搭配及膝紧身裙，内搭一件丝质女式衬衫给人规整感。衬衫上蝴蝶结的设计增加了空间感，整体看起来更加整洁。

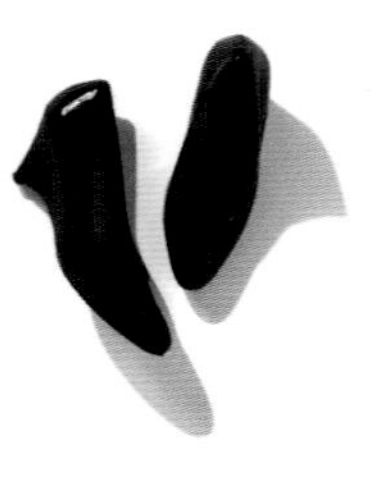

基本款03

在酒店参加同学聚会时，一身黑色系服装也可以尽显华丽

> > >

这款搭配是毛质短外套搭配有透明感的针织蕾丝短裙。虽然都是黑色服装，但是因为材质的不同，也不会有厚重死板的感觉，整体显得错落有致。

Scene 1

Scene 2

参观艺术展览时，可以穿一件条纹衫和一条条纹裤子。这样整体风格就会显得轻松。

风格严肃认真的黑色短外套搭配一件卡其色横条纹 T 恤衫，再加上一条条纹裤子，使搭配看起来很年轻，同时搭配一个红色的手提包增加亮点。

主题2

BEIGE 米色

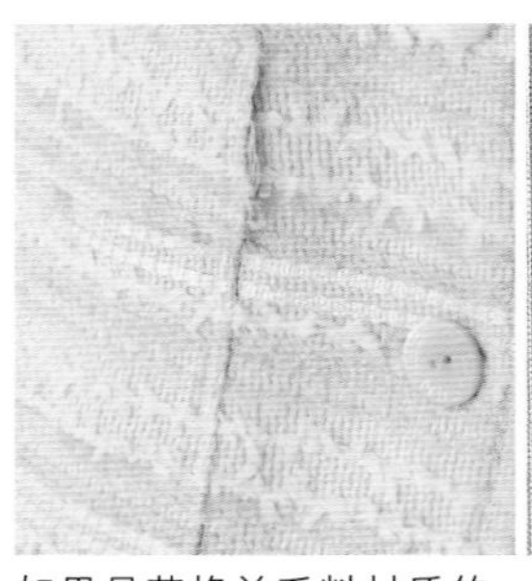

如果是苏格兰毛料材质的话，米色也可以成为主角。

针织物的颜色容易暗淡，所以单色容易显老，穿着时应谨慎。

材质柔软、有着透明感的玻璃纱能穿出女性的妩媚。

有张力和明艳色彩的米色材质可以使脸部看起来更加有光泽。

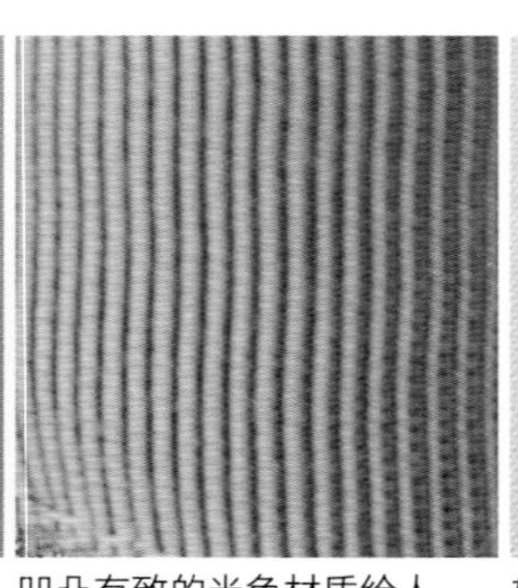

凹凸有致的米色材质给人以休闲气息，搭配时要下一番功夫。

如果是有光泽的材质，那么米色还可以使整体的搭配更加整洁，也更加华丽。

米色温柔优雅，很受欢迎，穿好它的关键是摆脱它的朴素气质

米色给人的印象优雅、冷静，是熟龄女性穿衣搭配不可或缺的颜色。但是，一旦搭配不当，就会显得人很老，并且过于朴素。

虽然都称为米色，但是米色又分为略带红色的粉色系、黄色系、颜色稍暗的灰色系等。明亮的米色可以将欧美人的肌肤映衬得更加明亮，但是一般的亚洲人穿的话却容易显得肌肤暗沉。尤其是随着年龄的增长，如果想要自己的肤色显得更加漂亮的话，选择颜色更加鲜亮的粉色系米色是关键。

另外，我们也很容易给米色搭配和它同属一个色系的焦茶色或是隶属于暖色系的酒红色。想要米色服装基调统一，在面料的选择上也应该用心，搭配粗花呢布料和带有光感的丝绸会增添华丽气息。当然，最好再搭配上一件星光熠熠的珠宝首饰。

另外，为了不使米色服装显得过于单调乏味，透亮的肌肤必不可少。体形上的不完美可以通过饰品或者着装搭配加以弥补，但是肌肤暗沉会使穿衣的选择范围变得狭窄，所以想要让自己更加时尚漂亮的话，肌肤的保养可不能懈怠哦。

1

选择颜色鲜亮、有质感的米色服装，给人严肃的感觉。

米色既可以使人看起来年轻，也可以使人看起来老气。在选择米色服装时，不要选择单调土气的面料，否则会让肌肤看起来暗沉。

2

为了不使整个人看起来黯淡无光，也可选择搭配白色和亮色的衣服作为亮点，这样会使你的脸色明亮，效果很好。

搭配白色和亮色的衣服作为亮点，让你看起来更加时尚。或者搭配一件印花服饰，使你的穿着更加有品位。

3

当整体的搭配是米色调时，需要添加一些有光泽感的饰品。

米色系的衣服搭配容易给人太过朴素的感觉，但是如果搭配一条华丽的项链或者一条有光泽的围巾，就能给你整个人增添华丽气息。

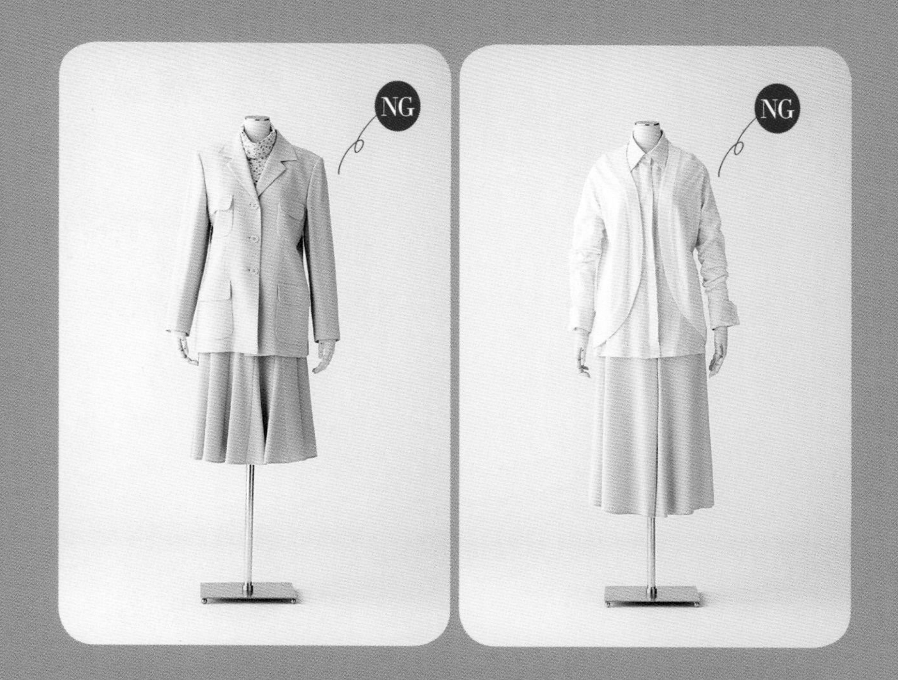

左图是灰色系的米色搭配，这样穿很失败，
如果搭配小花纹的衬衫就会显得很有味道，能穿出复古风格。

右图为了掩饰身材的不完美而选择了宽大的衣服款式，
但是这样却使整个人看起来臃肿不堪。

基本款04

米色丝带短外套

想要穿出米色的
时尚风格，
就要在颜色搭配
上下功夫。

很多人在春夏季节都会选择米色作为自己服装的基本色。但是，难道就因为它很好搭配衣服我们就马马虎虎穿着吗？因为选择的搭配不同，米色短外套既可以使你看起来时尚大方，也能使你看起来不够清爽。

选择短外套的关键就是颜色不能太暗淡，要选择亮度较高的米色。我们在这里介绍的这款短外套混杂着亚麻材质，很有光泽，这样就把脸映衬得更加明亮。

V领单色的设计再加上一条丝质腰带，这样的造型使看起来容易显得臃肿的米色给人清爽的感觉。这样的搭配深得熟龄女性的喜爱。

米色占整体搭配的40%

将腰带的结打在后面，给人感觉很高贵，穿衣打扮的范围也大大增加。

将内搭的衬衫的袖口折起来，给人感觉时尚、帅气。

给米色添加一丝明艳的白色，使米色看起来更加清爽干练。

通过搭配衬衫和牛仔裤穿出干练休闲范儿

> > >

米色的短外套容易给人感觉太过优雅，通过搭配竖条纹状的衬衫和白色牛仔裤，给人休闲的感觉。此款搭配很清晰地露出颈部、手腕、脚踝这三处，给人干练的印象。

通过搭配印花连衣裙使穿着优雅、大胆

＞＞＞

在选择印花款式时，印花的颜色中要有一点米色，这是不变的原则。这样的搭配乍一看很花哨，但是因为印花中有米色，所以给人的印象也很有品位。

给深、浅米色搭配的服装加上一件海蓝色衣服，使整体搭配看起来更加轻快、有品位

＞＞＞

统一色系的服装搭配容易给人平淡无味的感觉，但是如果上半身服装是深米色，下装是淡米色，这样就会给人轻快的印象。系一条活扣的宽丝带作为围巾，给人感觉很潇洒。

米色和海蓝色的搭配比和黑色搭配给人感觉更加年轻。富有质感的面料和轻松的配色让搭配更有品位。亮点就是搭配一条相同配色的圆点围巾，这样使整体看起来更加协调，而且严肃中不失柔和。

给米色服装搭配不同的服饰，衣服的风格就会有不同的变化。比如说第43页的米色占整体搭配的70%，像那样搭配一件丝绸质衬衫就给人感觉优雅。如果米色占整体搭配的60%，搭配一件印花短裙，给人感觉就很华丽。如果米色占整体搭配的40%（第42页），搭配条纹衬衫和白色牛仔裤就给人感觉很休闲。话虽如此，不管怎样搭配，都不能脱离米色“有品位”这一基本的核心，这正是米色短外套的魅力所在。

在穿着这件外套时，可以将丝带绑在前面，也可以像风衣一样绑在身后，或者干脆拿下来。

最后希望大家记住的就是，在领口处添加一些明亮的颜色，这样会使你的脸部看起来更加有光泽。在上身搭配一些首饰，就能使整体搭配更有个性，给人留下深刻印象。

基本款05
米色
西装上衣

在衣服的身后添加橡皮筋，
可以对腰部的线条做出调整。

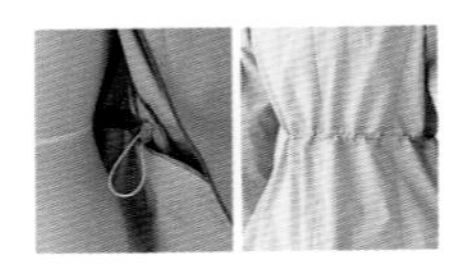

基本款06
米色
大衣

亮度高、有品位的米色短外套呈现出成熟之美

说到米色外套，给人的感觉就是正式、有品位。不管是学校举行活动，还是走亲访友，在很多场合下熟龄女性都会穿着米色的服装。像基本款服装05、06以及04那样，为了不使脸色显得暗淡，选择亮度较高的米色是关键。

像05款那样一个扣子的西装上衣应该选择轻薄一些的面料。在背部有橡皮筋穿过，这样可以调整腰部的线条，使衣服从背后看起来也很清爽。06这一款大衣的版型很宽大，披在身上也可以变得很漂亮。

基本款05

Scene 1

出去逛街购物时，可以打扮得潇洒、帅气

>>>

这款搭配的关键是服装的质感。柔软材质的上衣搭配柔软材质的裤子，整体搭配女人味十足。再戴上一条项链作为点缀，效果很好。

Scene 2

和朋友见面时
可以穿上大胆的
印花短裙，
显得潇洒不拘束。

如果是和久违的学生时代的朋友见面，则可以穿一条具有浪漫气息的短裙。上半身是给人感觉清爽的米色系搭配，下装就应该选择具有冲击感的服饰，这样会给人干练的印象。

基本款06

参加音乐会时可以选择鲜艳的颜色，穿出华丽风格

\> \> \>

去参加古典音乐会时，可以穿上这套简单又具冲击力的服装。通过搭配多层鲜艳的绿色项链，提高穿衣品位。

Scene 1

Scene 2

去咖啡馆喝咖啡时，可以选择这款同一色调的休闲搭配。

上下同属米色系的服装才能穿出休闲风格。搭配中最重要的就是小饰品的使用。轻薄质地的围巾和坡跟鞋等时尚、有质感的饰品是不错的选择。

主题3 CLEAR 鲜艳色

甜美的彩笔色调适合简单的款式。

绿色很容易让人显得脸色暗淡，所以绿色的面料或者衣服应该搭配清爽的面料或者衣服款式。

深蓝色面料也颇受熟龄女性的欢迎，柔软的面料很容易展现出女性温柔的一面。

活泼开朗的玫红色是当下的流行色，和白色搭配不会显得过于张扬。

这款鲜亮的颜色给人感觉清爽又年轻。

和亚洲人的肌肤很相称的橘红色。

熟龄女性更需要鲜艳的颜色

本来想把自己打扮得清爽简单，但是搭配完之后看到镜子里的自己显得既土气又邋遢……在我们不知如何打扮才够时尚时，就该让鲜艳的颜色出场了。

平时，我们总是选择一些保守的颜色，总是以“这种颜色太年轻了”“太花哨了”的理由而舍弃鲜艳的颜色，接下来就让我们挑战一下这些颜色吧。

在平时搭配时，只要加一件鲜艳颜色的衣服，整体服装的重点就凸现出来，心情也会发生变化。而且，随着年龄的增长肌肤会变得暗淡，所以鲜艳的颜色更能显年轻漂亮。在我们平时穿的衣服上添加鲜艳颜色的服饰，整个人看起来都会新鲜异常，我们穿衣打扮的选择范围也会由此扩大。

熟龄女性穿着鲜亮颜色衣服的关键有两点：一是选择活泼的玫红色、橘红色等清新的颜色；二是在款式的选择上要突出明亮的脸部线条。做到这两点，你就能切实地感受到时尚穿衣打扮的选择范围扩大了。在此基础之上，如果搭配几样和服装同一色系的项链、包、鞋等饰品，整体看起来会更加和谐。

上装选择清新的颜色，再搭配上同一色系的小饰品，把握好这一点，就能让亮色很好地为我们的穿衣打扮服务。

在选择亮色时不能选择看起来容易显得邋遢的灰色系，要选择清爽的颜色。

清爽的亮色可以将肌肤的颜色和脸部的线条衬托得更加明亮，人也会显得更加年轻。

选择鲜艳颜色的衣服，从上衣开始。

想要穿着鲜亮的服装，不能整身都选择这一颜色，应该从上装的选择开始。

搭配和衣服同一色系的项链和鞋等配饰，提高时尚感。

在一件鲜艳颜色服装的基础上，搭配上项链和鞋等配饰，这样衣服和饰品之间就形成了呼应，整体搭配就很协调，充满了华丽气息。

左图中整套鲜艳颜色的搭配，是失败的装扮。

右图的搭配是将同一色系的套装进行了变化，
颜色和面料搭配混乱，所以看起来很土气。

基本款07

长款对襟开衫

鲜艳的颜色
适合大胆的搭配。
学习鲜艳色的搭配
就从让人眼前一亮的
玫红色长款
对襟开衫开始吧。

当听到有的人说自己的衣服颜色都是保守的基本色时，我们往往会建议她准备一些鲜亮颜色的，很多人就会说："淡粉色的话倒是可以接受……"但问题是，如果你的肌肤不够白皙透明，粉色也会使人显得很沉闷。其实鲜艳的玫红色更适合亚洲的熟龄女性，因为这个颜色会让你看起来更加年轻。

玫红色服装我比较推荐长款的对襟开衫。如果是对襟开衫的话，建议前襟是自由开合的款式，这样玫红色占整体服装的比例就可以调整，可搭配服装的选择也会多一些。选择长款的话，还可以掩饰一下身材上的不完美。搭配这样鲜亮的衣服款式，可以让你看起来比平时更加年轻，让你切实地感受到时尚之美。

鲜艳颜色占整体搭配的80%

给鲜艳的颜色搭配上更加亮眼的白色，使整体搭配看起来清爽，能感受到春天的气息。

胸前自然垂褶的律动使整个开衫看起来很轻盈。里面内搭同色针织衫，这样作为两件套给人印象轻快。对体形要求较高的白色裤子因为和长款的遮臂开衫搭配，所以穿起来很方便。

鲜艳颜色占整体搭配的40%

鲜艳颜色占整体搭配的50%

搭配一件黑色的服饰，将对襟开衫穿出飒爽感觉

> > >

开衫在和保守的黑色相搭配时，一定要加入一些流行元素。搭配一件横条纹有透明感的套头衫和一条有扩张感的短裤，看起来够时尚潇洒。

鲜艳的开衫内搭一件印花小衫，这样稍稍抑制一下鲜艳的开衫，穿出衣服的品位

> > >

内搭小衫的花纹中的颜色和主体搭配的颜色相同，不会显得过于花哨。胸针不仅仅是装饰作用，还起到固定开衫领子的作用，这样前襟处形成了一个大大的倒V字，给人很利落的视觉效果。

鲜艳颜色占整体搭配的70%

精挑细选
要搭配的衣服颜色
和小饰品，这样
就能够和鲜艳的
颜色相得益彰。

多种风格颜色重叠穿着，穿出潇洒、休闲风格

> > >

上身搭配一件条纹状的衬衫，再搭配上围巾和包，在这四处融入不同程度的粉色，再加一条卡其色的裤子，稍稍抑制一下甜美的气质，整体就会给人一种成熟之美。

实际上，恰恰相反，这种颜色的对襟开衫兼具女人味和休闲风格，与之搭配的服装可选择的范围很广。让我们首先从白色和黑色搭配开始吧。另外，这款对襟开衫和卡其色、米色等颜色的服装也很好搭配。所以准备一件这样的衣服，让你的服装搭配变得多姿多彩起来吧。

在此，很重要的一点就是饰品的使用。搭配一些和开衫同色系的围巾、首饰、鞋等饰品，整体搭配就能达到很好的平衡，给人留下深刻的印象。另外，通过衣服前襟的开合还能调节颜色在整体搭配中的比例，这样就能轻而易举地改变给人的感觉。

基本款08

套头衫

基本款09

连衣裙式外套

让我们从一件样式简单的长款上衣来验证鲜艳颜色的衣服是如何让人眼前一亮的吧！

熟龄女性在搭配鲜艳颜色的衣服时，一定要选择清爽的颜色。另外，还有两点需要注意：第一点就是要选择简单的款式，这样可以发挥出颜色之美；第二点就是选择瘦长的款式，不会使人看起来臃肿。

基本款08的薄荷绿色的套头衫前面的面料是丝绸，袖口和后面是人造纤维，针织部分混杂了麻，这样面料材质混搭的样式给人感觉错落有致。09款橘红色的连衣裙式的外套采用了很有张力的平针织物面料，呈现出很自然的线条，即使不能和身材很好地契合，也能展示出女人的魅力。

基本款08

Scene 1

出去购物时搭配一条黑色的裤子，给人整洁的感觉

> > >

去购物时，搭配一条材质柔软的运动款式的黑色裤子，是很流行的装扮。包、鞋和项链也选用黑色，整体看起来比较紧凑。

Scene 2

和朋友聚餐时，可以选择这身鲜艳颜色的服装。

如果全身都是鲜艳颜色的衣服，想要穿出优雅品位，上下衣物就要选用不同的材质。注意，搭配的鞋和包不能选择和衣服同一色系的。

基本款09

去参观画展时这套搭配可以让人眼前一亮

> > >

乍一看很花哨的多色短裙搭配橘红色大衣，因为短裙略带橙色，所以这样搭配看起来并不突兀。要点就是上身要搭配一件白色内搭，这样给人感觉利落、清爽。

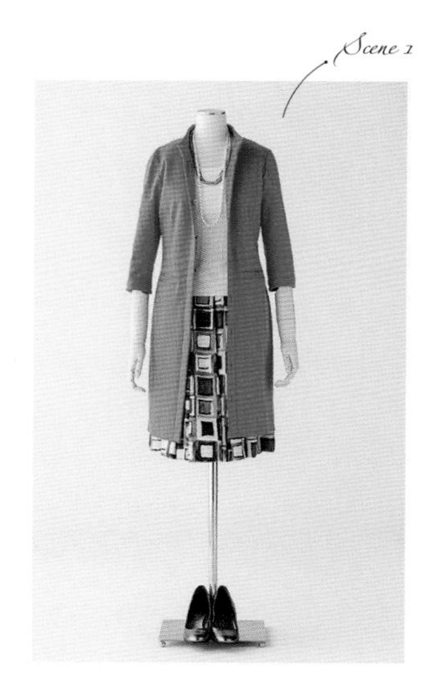

Scene 1

Scene 2

经典的大衣风格穿着让你在同学聚会上格外出众。

鲜艳的颜色和黑色搭配时，不仅让人比较安心，还可以提高整体服装品位。在黑色的连衣裙外面罩上一件鲜艳颜色的大衣，前面呈现出 X 线条，给人感觉既干练又有女人味。

选对颜色就能穿对衣吗？

在我的客人中，很多人都曾有过“好想试试这件衣服呀”这样的想法，可是并没有付诸行动的原因之一就是“这件衣服的颜色不适合我”。这时候我就会拜托客人“稍等一下，请听听我的建议”。

现在通过杂志等各种渠道，我们可以很轻松地了解到什么是适合自己的颜色。我们可以根据肌肤、眼睛、头发的颜色来判断哪些是适合自己的颜色，什么是在搭配时应该避开的颜色。确实，了解适合自己的颜色后在选择搭配时会方便很多。但是，给自己限定了适合自己的颜色后，我们选择服装的范围就会变小。试想一下，如果衣柜里摆放着的都是相同颜色的衣服，那么不能否认，我们搭配出来的衣服也不能多姿多彩。

我认为这样很可惜。

比如，春天里，很想穿一件颜色鲜艳的粉红色针织衫，但是又想着粉红色不是适合自己的颜色就放弃了，简直太遗憾了。其实一种颜色给人的印象不只是由颜色自身决定，还和面料的材质有关——比如是柔软的针织物，还是鲜艳的丝绸呢？同一件衣服，如果搭配上一件华丽的首饰或者搭配一件白色衬衫，给人的印象都会截然不同，甚至改变当天的妆容、口红颜色就能给人不一样的感觉。

很多情况下，客人将信将疑地听从了我的建议，穿上她们认为不属于自己的颜色的衣服，试过不同的款式之后，总能在不属于她们的颜色中找到适合她们的衣服。这时候，客人就会露出满意的笑容。

如果你想让自己变得更漂亮的话，就不要给自己设定属于自己的颜色了吧。不要轻易放弃让自己变漂亮的机会。如果觉得漂亮就大胆地穿吧。让我们在衣服的颜色上下功夫，将自己打扮得更漂亮吧！

光看上一眼就足以让人为之陶醉的花纹饰边，自然褶皱以及迷人的光泽度。无论是制作细节还是整体材料，都充满了强烈的女性气质以及视觉冲击力的饰品，当它与那些相对简单的服装搭配在一起的时候，会给人带来一种非常柔和的印象。另外，如果用它来配合那些风格与之相反的服饰，则会显得非常具有个性。将它点缀在肩上既不会引起肩膀的酸痛感，又能起到很好的装饰作用。

Lesson 2.

时尚元素

有女人味儿的穿衣打扮

STORY

Point Item
时 尚 元 素

熟龄女性的日常搭配中应该加入带有女人味儿、甜美风格的时尚元素

时尚元素指的是蕾丝、叠褶、垂褶、有光泽感的材质这四点。这些元素都能给人留下深刻印象，只要搭配上一件就能既优雅又有个性。这样华丽的款式可能在同学会、聚会等正式的场合比较常见。今天就让我们学习如何在日常生活中灵活应用它们吧。

如果我们选择在平时生活中穿着这些款式的话，需要注意的就是不能单独突兀地使用这些元素，不能让这些款式的特点看起来太过扎眼。

如果太刻意地突出这些元素的话，不仅看起来绝对不会时尚，还会降低服装的品位。对于熟龄女性来说，选择不过于奢华、看起来不廉价的款式很重要。

搭配时的规则有两点：第一点就是和简单的服装搭配，衬托出时尚元素的品位。第二点就是可以大胆地尝试和牛仔裤以及一些靓丽颜色的裤子等休闲、张扬的款式搭配，这样会凸显这些时尚元素的甜美风格。将不同风格的服装进行混搭，提高穿衣品位，给人干练的印象。

蕾丝

时尚元素中，蕾丝给人优雅的感觉，深受女性喜爱。从纤细透明的花纹到温和柔软的花纹再到休闲的花纹，蕾丝的样式多种多样。点缀在细节处的蕾丝应选择既不会太过甜美也不会显老的款式，或者选择浅颜色的蕾丝。

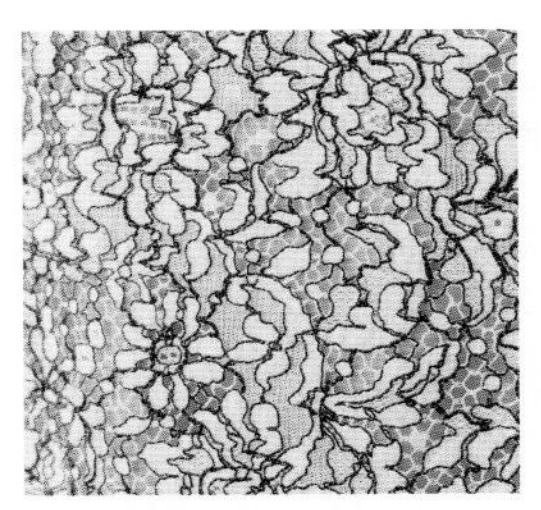
纤细透明的蕾丝给人优雅的印象。

白色的蕾丝给人清洁感，而且很有品位，大量地用在连衣裙上也会很有档次。

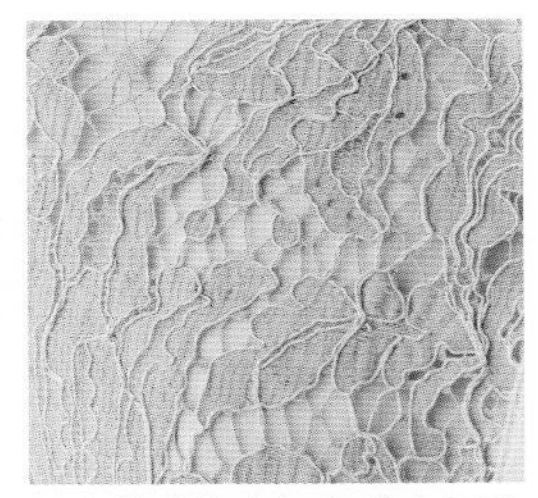
温和的蕾丝中加入蓝色元素会更加醒目。

叠褶

叠褶兼具华丽和甜美气质，这样的细节元素整体给人感觉错落有致，还能掩饰身材上的不完美。

如果叠褶的量不够，就会给人感觉很廉价，所以应该选择风格大胆、叠褶较多的款式。而且，叠褶装饰与服装主题为同一颜色，不会显得太过显眼，这样也可以朝休闲风格方向打扮，可搭配的选择余地就会增多。

很有量感的叠褶适合点缀在大衣的里面，这样既内敛又有气质。

风格大胆的叠褶因为使用了贴身的面料，所以不会显得过于华丽。

分量很大的叠褶应该选用潇洒的颜色，再加上好的面料就会显得很有档次。

垂褶

垂褶可以打造出一种似连非连、似断非断的线条，它制造出的动感让女性充满了淑女气息。另外，这样的垂褶可以遮掩腹部的赘肉和臀部，这也是熟龄女性选择它的一个重要原因。垂褶的褶皱越多，越能显示出女人味。

垂褶如果比较紧凑的话，也比较容易和休闲风格搭配。

将一块布相交叉，上下就会产生垂褶，给人华丽的印象。

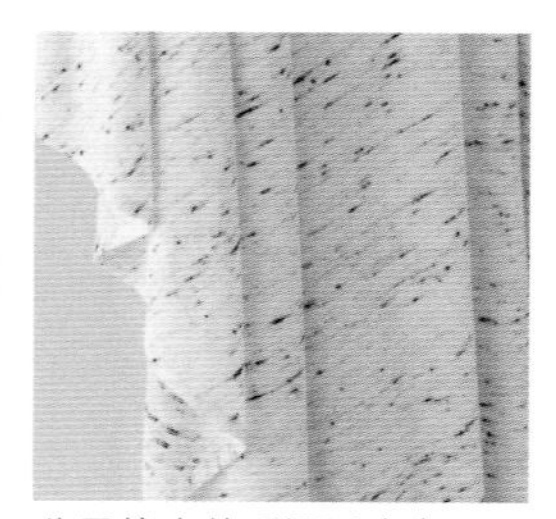
分量较大的垂褶适合在凸显淑女风格时使用。

有光泽感的材质

有光泽感的材质有时无须多么复杂的搭配，就能给人眼前一亮的华丽感。如果觉得自己的穿着太过简单不够时尚的话，那么建议搭配有光泽感的衣服。如果上半身的着装光感太强烈的话，将会大大折损这件衣服本身所具有的优良质地。因此，最好的办法是在上半身搭配上一件亚光面料制成的衣服。

这是将灰色的针织物换成带有光泽的银色织物，适合做高档的有光泽感的服装。

内敛的带有银丝的毛衣适合平时穿着。

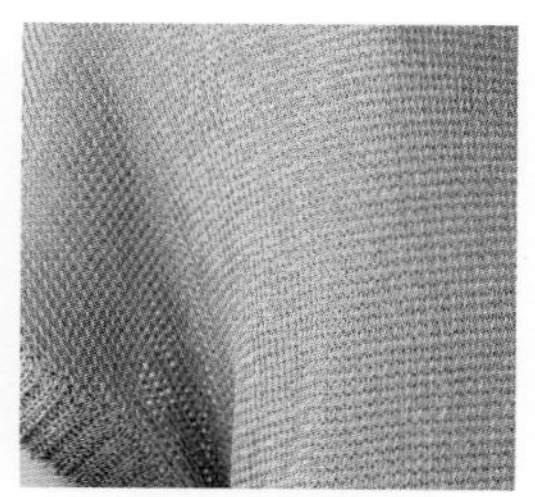

在毛衣的材质中加入银线，搭配出休闲风格，就不会显得太显眼。

基本款10

长款蕾丝外套

干净、有品位的
浅色蕾丝更加
能够展现女性的
优雅甜美。

这款透明材质的蕾丝外套带给人甜美和优雅的感觉，深受女性的欢迎。但是如果搭配的方式不当，就会显得没有品位。在此，最应该注意的是蕾丝外套的颜色。如果选择紫色或者红色等冲击力较强的颜色的话，容易让人觉得廉价。所以推荐黑、白、米色等基础色。

这款长款蕾丝外套优雅、富有春天的气息，如果想要穿着清爽，它是理想的选择。这款外套充满女人味，简单的设计，也稍稍抑制了它的甜美感。

长款蕾丝外套搭配一款严肃的白色连衣裙，再加上一件黑色小饰品，熟龄女性的穿衣打扮就达到了很好的平衡状态。

> > >

奶油色的蕾丝外套搭配一件白色连衣裙，整洁清爽，给人留下好印象。同时搭配上不同色系的小饰品，一条黑色的项链和一双鱼嘴凉鞋都让整体造型显得更时尚。加入黑色元素的话，不仅更有女人味，还能够让造型看起来更加严肃认真。穿着蕾丝款的服装时，加入一些干练的元素，就能稍稍抑制甜美度，显示出熟龄女性的成熟与优雅。

Scene 1

Scene 2

接待客人时穿一条应季的裤子彰显你的个性。

> > >

搭配一条颜色较鲜艳的裤子穿出潇洒和时尚。绿色的裤子是很好搭配衣服的春季款式。长款的蕾丝外套吸引人的视线，鲜艳而又不显臃肿的颜色给人利落的感觉。

到郊外的美术馆参观时，可以搭配清爽、轻快的穿着。

> > >

蕾丝外套搭配一件前羊绒后丝绸的内搭上衣和一条白色的短裤，在颜色搭配上就能有明显对比。这样颜色柔和的蕾丝大衣也可穿出飒爽感觉。

\ 基本款11 /

蕾丝短裙

舒适曼妙的蕾丝，将女性美尽显无遗

> > >

大蕾丝花纹，外加上极具舒适感的纯棉面料，这款裙子会将女性美充分地表现出来。上身可以搭配上一件小衬衫，那会让您看上去非常的精神。另外也可以和朴素的针织衫相互搭配，那将会更加凸显您的女性气质。

\ 基本款12 /

礼服式蕾丝外套

细密的淡色蕾丝尽显优雅，不知不觉间提升您的个人气质

> > >

在淡淡的薄荷色，以及细致的蕾丝花纹的相互配合下，这件女式长大衣将会让您在人群中显得格外的优雅娴静。至于搭配，可以选白色连衣裙，效果一定会非常不错。

搭配贴士》

搭配冷色系的首饰或编织包来抑制蕾丝的甜美

女人味十足的蕾丝在穿着时需要用心搭配小饰品，应该加入一些可以抑制甜美气息的元素。

在此建议在配色上下功夫，给人紧凑印象的冷色系是不错的选择。另外，如果搭配编织包会给人放松感。搭配的关键是添加一些相反风格的服饰，穿出混搭风。

编织包给人一种休闲放松感，很好地中和了蕾丝的甜美。这是大多数有品位的人喜欢的搭配。

有分量感的青绿色的首饰的串叠加比单串的搭配更有效果。让我们从项链开始尝试吧。

基本款13

叠褶衬衣

大胆地采用叠褶，
追求熟龄女性
美不胜收的
高品位之美。

在穿着打扮上，甜美的叠褶能给人一种幸福感。有的款式看似是为了避开装嫩的嫌疑，但是那样会让你的服装看起来很廉价。因此，熟龄女性都想选择大胆而又不过于甜美的叠褶款式。

比如基本款13，像这种灰粉色的叠褶衬衣，因为采用了睡衣材质的面料，所以稍稍减少了它的量感，是熟龄女性在穿衣打扮上一个很好的量的平衡的典范。

将简单款式的衬衫外穿，可以突出干练的风格

> > >

衬衫搭配黑色短裙总让人感觉太过拘谨认真。但是，在衬衫的袖口处添加上橡皮筋，让袖口呈现出灯笼状，整体的线条就会很生动，认真严肃的感觉一扫而光。灰粉色的衬衫比纯白的衬衫给人感觉更加甜美。乍一看像丝绸质地的涤纶手感很好，洗后很容易干的特性，让它成为旅行装扮时的人气单品。观看芭蕾舞表演、去高档餐厅进餐时都可以穿着。

Scene 1

Scene 2

和别人初次见面时，搭配上一件短上衣，穿出潇洒风格

> > >

因为袖口处的形状像气球一样，根据袖子挽起的样式不同，造型也随之不同，这一点深受大家的喜爱。关键就是袖口处稍稍长于外套，突出海军蓝的清爽。

和亲友见面、去有特色的餐厅时可以穿着这套衣服

> > >

搭配一件开衫，并将衬衫胸前的叠褶露出。和颜色鲜艳的蓝色短裙搭配，整体看起来柔和、优雅。

\基本款14/
褶边连衣裙

这是我们在日常生活中经常穿着的一种褶边连衣裙

> > >

这款服装柔软贴身，有着很有量感的褶边，再加上褶边颜色和连衣裙同色，所以并不太显眼，因此也可以作为休闲服装穿着。连衣裙的V领和内搭以及项链都很好搭配。

\基本款15/
褶饰礼服式外套

这款上衣的背部带有褶皱，成功地展现出了熟龄女性的可爱气质

> > >

上图显示的是这件上衣的背部。整件衣服采用了亚麻和丝绸的混搭，前面设计简单，但是通过后面的褶饰给人留下了深刻印象。如果穿着这样一件有着独特设计感的衣服，即使和简单的服装搭配也能凸显你的品位。

这款服装前面的两排扣子很有亚洲特色。后面漂亮可爱，深得熟龄女性之心。

搭配贴士》

添加流行元素，恰到好处地展现女性柔美

穿着带褶饰的服装时，应该注意的是不能显得过于华丽，关键就是脚部的装饰。如果搭配奢华，就会显得过于优雅，给人大龄剩女的感觉。但是，如果在脚部搭配一些看起来很稳重的流行元素，再在领口处佩戴上棉花珍珠（日本流行的一种人造饰品）项链或者多层项链就会带来内敛之美。

这样的搭配不会让人觉得过于严肃，反而显得褶饰很有品位，活泼的基调让人感觉很放松。

参加正式场合所佩戴的链子光泽亮丽，这样会让人显得沉稳。日常生活中要选择那种棉花珍珠的或是混搭材质的链子，因为这些链子看起来更加的轻便、舒适。

和褶饰服装搭配时，应该选择让脚部看起来稳重的鞋子，有量感的坡跟鞋是很不错的选择。

基本款16

垂褶对襟开衫

这款服装既时尚
又可以掩饰身材上的
不完美，是熟龄女性
不可或缺的单品。

前襟开口的垂褶开衫，充满了女人味。它不仅美观，还可以掩饰身材上的不完美，是很实用的款式。但是，如果穿着不当会显老。

选择开衫的关键就是像上页图中那样，垂褶看起来要轻盈，并且根据当天的打扮，垂褶的分量要可以调整。下装搭配有正式感的服装，或者系上一条腰带作为点缀，都会给人一种正式感。

下装搭配深色有正式感的服装，整体轮廓就会很清晰，充满现代感。

> > >

对襟开衫是熟龄女性在春夏季节十分喜欢的款式，尤其是针织衫。在走路时，垂褶会产生动态的美感，还可以遮盖体形上的不足。即使是穿着有膨胀感的白色开衫，看起来也很苗条。搭配的要点是要通过下装和首饰使整体看起来错落有致。下装搭配深色的裤子，再加上长长的项链和颜色鲜艳的包，整体搭配看起来利落、和谐。

Scene 1

Scene 2

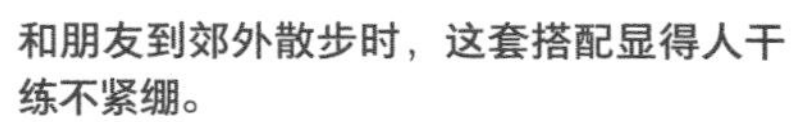

和朋友到郊外散步时，这套搭配显得人干练不紧绷。

\>>>

一件简单的上衣搭配一条牛仔裤，看起来并不出众，但是罩上一件开衫之后，给人的感觉就完全不同了。开衫是白色，内搭和裤子都是深色，这样颜色上的对比也使整体显得错落有致。

这套衣服既有女人味，也不失正式感，去看电影时可以穿。

\>>>

系上一条白色的细腰带，垂褶开衫就会让人眼前一亮，让整体造型既有女人味又带正式感，扩大了穿衣打扮的选择范围。最后，再加上一条丝巾，整体看起来比较华美。

基本款17
垂褶两件套

将开衫和内搭上衣作为套装穿着，提高穿衣品位。

> > >

衣服上加上褶饰之后，混合材质的布料使开衫显得更加生动，这样的材质很适合做休闲风格的开衫。内搭一件同材质的衣物，给整体搭配添加正式感，提升品位。

套头内搭的背后采用不同的材质，搭配在里面使整体看起来很清爽。

基本款18
褶皱连衣裙

身材苗条的人穿上这件衣服就显得很上档次，这件海军蓝色的连衣裙很受熟龄女性的青睐。

> > >

这件针织连衣裙在设计时让腰部的布料交叉产生褶饰。这样设计会很好地遮住腰部的赘肉，让人看起来很苗条。有了这件连衣裙，在穿着打扮上就会很让人安心。

搭配贴士》

搭配和褶皱有着强烈对比的黑色小饰品，增强干练气息

想要穿出褶皱服装的轻快飒爽风格，重要的是整体看起来错落有致，方法就是给柔软的褶皱服装搭配上存在感较强的黑色饰品。

推荐搭配风格不过于奢华的树脂项链和手镯，最好是大一点的款式。作为点缀，腰带可以选择宽度在4厘米以上的款式，这样可以给人正式和干练的印象。

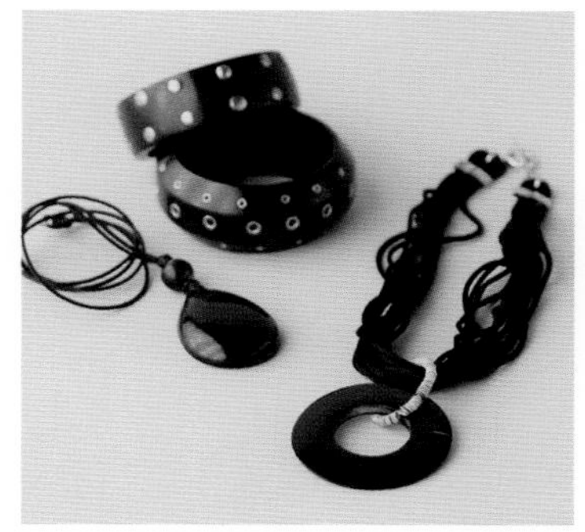

左图中所示的大大的树脂项链和手镯，很能吸引人的眼球。这样的饰品会使整体搭配看起来错落有致。左下图是黑色和金色混搭的多重项链，佩戴这样的饰品让人感觉很有档次。右下图中是设计简单的粗腰带，推荐搭配带有民族风格皮带扣的腰带。

基本款19

有光泽感的套头蝙蝠衫

有光泽感的
衣服适合休闲穿着。

提到有光泽的面料，很多人会想到参加宴会时穿的晚礼服。但是实际上，越是有光泽感的服装，以休闲的风格穿着时越能显示出熟龄女性的帅气。比如这种银灰色、设计简单的蝙蝠衫。它不仅可以搭配黑色、白色的裤子，也可以和牛仔裤搭配，还可以穿在外套的里面作为内搭。这样休闲的带有光泽感的服装，请你试一试吧。

内敛的光泽感，经典的款式提升你的造型时尚指数。

> > >

针织衫搭配上黑色裤子的造型虽然简单，但是它看起来不仅不普通，还能意外地让人眼前一亮。这件银灰色的蝙蝠衫就是秘密武器。比如，将灰色的针织衫换成这款银灰色的蝙蝠衫的话，就会立刻摆脱平凡，给人一种简单之美。另外，它很少和其他的上装搭配，所以春夏季节单穿时，小饰品的搭配也很重要。搭配一条呈现V字形的项链或者穿一双有光泽感的浅口鞋都是不错的选择。

Scene 1

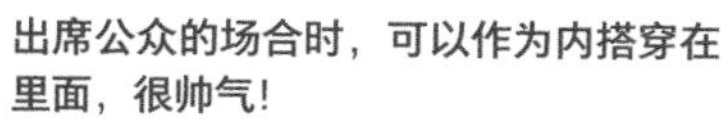

出席公众的场合时，可以作为内搭穿在里面，很帅气！

> > >

内搭一件这样有光泽感的衣服，站在年轻人中间也毫无违和感。在皮质上衣和白色裤子的基础上搭配这件银灰色的蝙蝠衫，给人感觉很有质感。

和鲜艳的颜色搭配。

> > >

银灰色的蝙蝠衫和鲜艳的颜色搭配，穿出休闲风格。再戴上一条和裤子同一颜色的项链，上下颜色就会更加和谐，产生浑然一体的效果。

\ 基本款20 /

有光泽感的不对称蝙蝠衫

不对称的款式成为亮点，吸引人们的眼球

> > >

这件蝙蝠衫只有前襟加入了带有金属光泽的材质，非对称型的蝙蝠衫和裤子搭配之后显得更加干练。蝙蝠衫的腰部收紧，这样穿着显瘦。

\ 基本款21 /

有光泽感的针织衫

优雅、华丽，都市人群经常穿着的针织衫

> > >

这件加入了银线的青色蝙蝠衫，采用了V领设计，并且为了不显胖在肋部稍稍收紧，无论是从穿着的舒适度还是面料的柔软度来说，都是一件可以让熟龄女性感到满意的精良蝙蝠衫。

搭配贴士》

搭配不同风格的有光泽感的饰品让人眼前一亮

如果在没有光泽的服装上搭配黑色或者米色的饰品，看起来容易显老。这时我们向您推荐有正式感和光泽感的衣服。搭配带有光泽的休闲款式的包或者鞋，不会显老，还会给人时尚感。搭配不同风格带有光泽感的衣服，可以提高熟龄女性的品位，展现出成熟的魅力。

在存在感较低的首饰上点缀一些带有光泽和颜色的装饰会提升你的品位。多串组合起来佩戴会有更好的效果。

搭配一件华丽的包会让你十分抢眼。除了金黄色之外，还可以搭配黑色漆皮和银色的包。

你总是一个人去逛街购物吗？

和可以信赖的店员做朋友

你总是一个人去逛街购物，还是和朋友一起呢？走在街上看看，人们大多数情况下都是和自己的朋友一起出来逛街。不论什么年龄，和“姐妹淘”一起出来逛街都是最快乐的事。当然，没有明确目的地边逛边聊天也是件十分快乐的事，不过，如果能买到自己心仪的宝贝倒更是有意义。但是如果单纯以搜寻适合自己的衣服为目的的话，我不推荐您和朋友一起逛街。为什么这么说呢？因为我们的朋友不一定有丰富的时尚知识，大多数情况下，她们也只能给我们一些模棱两可的建议。当你问到“怎么样，这件衣服适合我吗”时，对方也会有些不确定地告诉你“还不错啊”。

实际上，善于购物的人总是一个人去购物。这样不仅可以根据自己的节奏逛街，悠闲自在地试衣服，最重要的是这样更容易找到值得信赖的导购。导购更容易掌握流行动态，熟知如何穿衣打扮才能提高品位，也就是所谓的时尚先锋。

如果你发现了一件很喜欢的大衣，试着问问导购的意见吧。甚至也应该问问里面穿什么样的内搭，怎样穿才能更加优雅动人等这些问题。听听她们的意见，你就能得到很多关于时尚穿衣打扮的知识。

当然，有时候自己的感觉也不见得都会准确，所以多找几个人，如果某个导购给你的感觉是“这个人的眼光真好”“她真的很了解我”，那么恭喜你，你找到自己可以信赖的导购了。如果在购物时有这样的人在身边，你不仅能买到适合自己的衣服，还能在穿衣打扮上有更多的选择。

好了，让我们首先从一个人出去购物开始吧。

和闺密一起出去逛街很开心。但遗憾的是，
这样并不能提高你穿衣打扮的能力。

五分裤、工装裤、风衣、条纹衫等，这些对我们每一个人来说都是不可或缺的必需品。这里，我们还会给大家介绍适合运动会以及远足用的轻便运动鞋、徒步长靴，还有浅口鞋以及精品鞋。穿上这些由优质面料制作而成，无论是整体设计还是微小细节都极具完美特性的鞋子，会让您的美丽得到最大提升！

Lesson 3.

休闲款式

吸引人目光的穿着打扮

Spice Item
休 闲 款 式

STORY

在休闲款式上用心，也能焕发光彩

横条纹的T恤、卫衣、工装裤等是大多数熟龄女性在春夏两季的必备服装。和简单、材质上等的款式以及上一篇中介绍到的华丽款式搭配时，给人感觉非常年轻。

但是，我们在穿着这类休闲服装的时候，要注意，如果这类款式不是作为时装穿着的，它们一般会被当作运动服或者工作服穿着，正因为如此，会给人寒酸、廉价的印象。

首先，对于服装的材质、裁剪等细节部分的选择很重要。下面我们将从以上方面进行介绍，这些款式都将成为熟龄女性穿衣打扮的重要款式。

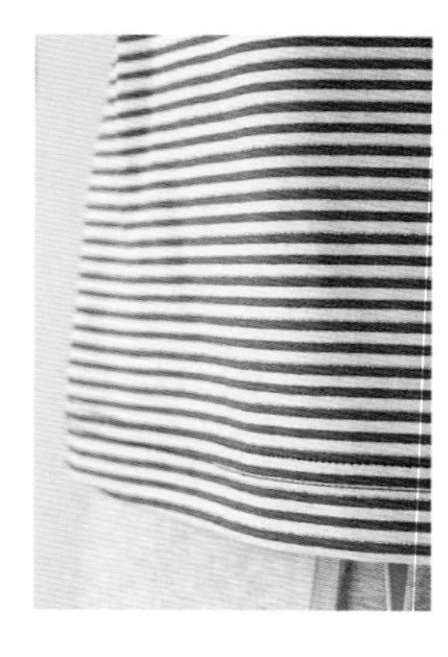

这款条纹衫如果像往常一样穿着的话，就会让人感觉很廉价。

太过普通的常见条纹衫容易让人感觉像家居服。应该选择更注重细节的款式。

太过休闲的短裤不适合熟龄女性，也应该换为稍微长一些的有着端庄感的短裤。

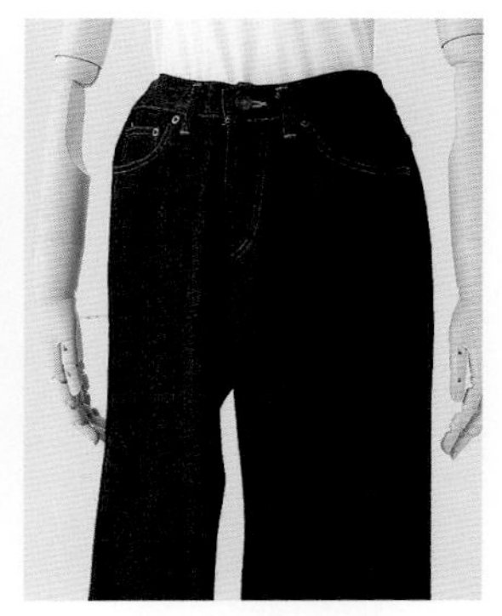

这款粗糙老式的牛仔裤，裤腿也很肥大，高腰的设计使臀部显得很大，看起来很显胖。

运动风格

条纹衫、卫衣、短裤等本来就是在日常生活或者观看运动会时穿着的衣服。它们属于运动款式，正因为如此，更应该选择一些不过于休闲的，并且在服装的面料、颜色和线条上不一般的类型。如果能抓住这两点，那么这些常规的衣服，你也能穿出熟龄女性的年轻感。

中性

中性服装的代表就是像工装裤和牛仔裤这类的工作服。正因为是容易被穿作工作服的款式，在搭配时更要选择柔软的材质和适当的版型。搭配上鞋、包等小饰品，才会显得更加有女人味，如此搭配是成功的秘诀。

选择轻便但并不廉价的基本颜色。

如果选择鲜艳颜色的休闲款式，就会给人更加粗糙的感觉。熟龄女性应该选择基本色休闲装。

2

鞋子的搭配能改变常规款式给人的印象。
它可以使你整体的搭配更漂亮、优雅。

正因为是休闲款式，关键因素就在于鞋。搭配一双漂亮的高跟鞋，整体就会显得优雅、有品位。如果是在春天穿着的话，推荐明亮颜色的款式。

华丽的包和围巾可以提升你的着装品位。

饰品不仅起到装饰作用，还可以提升服装的穿衣品位。搭配颜色和花纹华丽的包以及鲜艳颜色的轻质围巾，整体效果会很好。

薄荷绿色、粉红色及米黄色凉鞋。

薄荷绿色的蕾丝围巾、印花褶皱围巾、帽子。

橙色的包和斑马纹包。

基本款22

短裤

这是熟龄女性
一直想要挑战的
短裤中很有可取之处的
经典款式。

我们向熟龄女性推荐的这款短裤是在年轻人群当中流行的直筒短裤。选择及膝的短裤使得短裤就像紧身短裙一样。五分短裤更是给人一种整洁感。另外，直筒短裤不会太过凸显臀部的曲线，腿长、个子较矮的人穿起来还会有很好的平衡感。选择稍微宽松的款式更能给人一种随性的感觉。有裤中线的裤子会给人端庄感，非常适合熟龄女性。这是一款集中了熟龄女性喜欢的所有元素的短裤。

Half pants

STORY

挑战短裤，不仅显得年轻，更重要的是漂亮

现在让我们下定决心来尝试从来没有穿过的短裤款式。这时我们容易陷入的搭配误区就是搭配颜色鲜艳的上身衣物或者是带褶的流行款，但是这样搭配整体就给人一种装嫩的印象，如果不这样的话又很容易给人一种老气的感觉。想要追求时尚就不管不顾地往身上堆砌衣服是穿衣打扮的大忌。如果在自己的服装中添加一件从没有穿过的短裤，那么就会给人一种新鲜感，没有必要让全身都有流行元素。

另外，如果我们将经常穿的短裤穿出优美的风格，就更加适合熟龄女性。比如和黑色的蕾丝衬衫搭配穿出成熟的女人味；和白色的外套搭配，给人一种优雅感。让我们开始尝试能给人安全感和品质感的黑白搭配款式吧。在有质感的穿搭的基础上搭配一条短裤就能使我们的整体搭配焕然一新，穿衣搭配的选择余地也会大大增加。

当然，和卫衣、带褶的衬衫等休闲款式相搭配也能给人一种新鲜的印象，和朋友聚会等气氛轻松的场合经常会这样穿着。如果能搭配上小

饰品稍稍抑制一下颜色，使整体显得更加优雅，并且看起来更加年轻漂亮。再搭配上有淑女气质的浅口鞋或者凉鞋，那么穿衣搭配会显得更加有品位。

左图中将短裤穿成了休闲风格，是失败的搭配实例，
一不小心就会给人装嫩的印象。

右图中的短裤尺寸太短，并不适合熟龄女性。
如果上身再穿上一件长款上衣的话，会给人一种下面什么都没穿的错觉。

基本款22

短裤和黑色的
蕾丝衬衫搭配，
很适合聚餐时穿着。

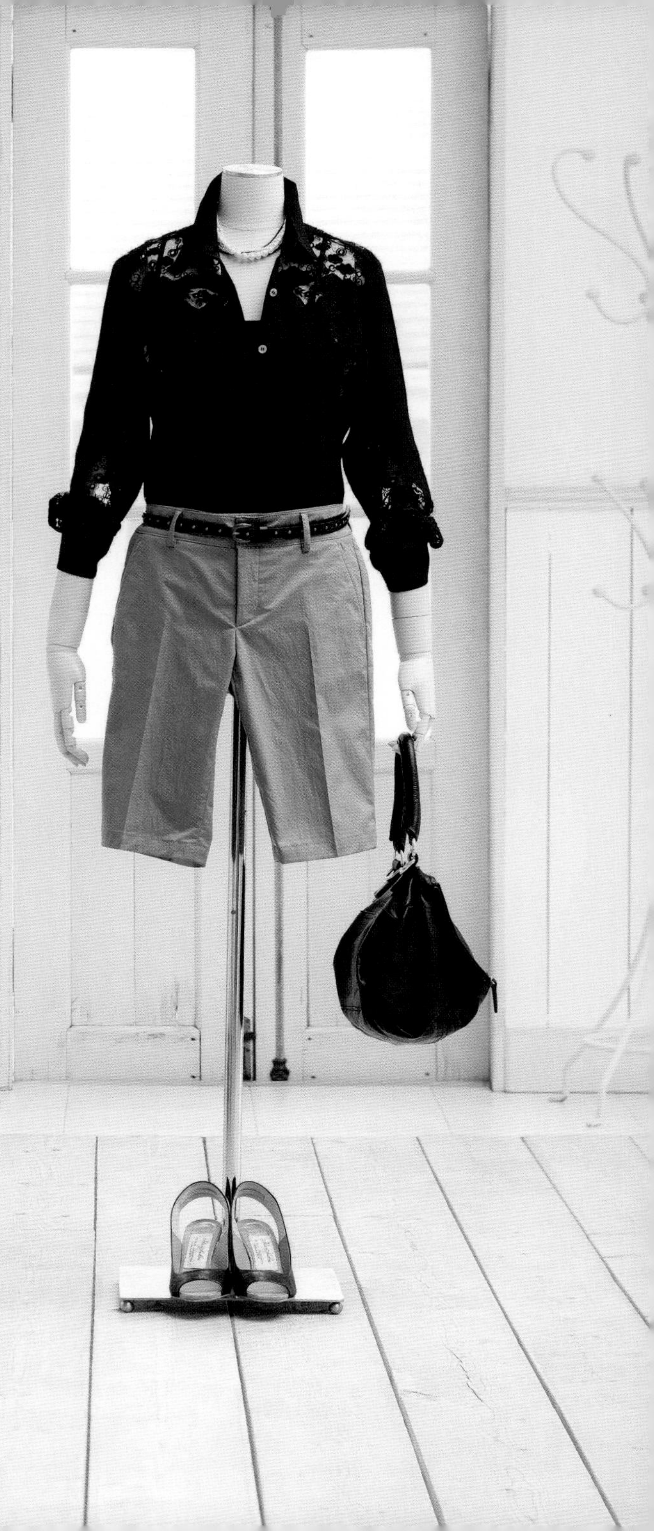

和黑色的蕾丝衬衫搭配既干净利索又不失女人味。如果是和短外套搭配给人感觉就太严肃，搭配长裤又让人觉得太过古板。像图中这样的搭配平衡感十分好，最后加上一条珍珠项链就显得更加优雅。

将短裤穿出时尚的休闲感

> > >

外穿棉质衬衫，内搭是针织材质的背心，即使是和同一色系的带褶围巾搭配，也能穿出优雅感。这样给人纵向较长的印象，显得整个人很苗条。

和邻居一起相聚吃饭时，将短裤穿出甜美风格。

> > >

此款是将带有像胸花一样褶饰的卫衣和稍显严肃的短裤相搭配。如果能营造出整体修长的线条，就不会有装嫩的嫌疑。再搭配一件白色的内搭就显得更加清爽。下面搭配一双黑色的凉鞋使整体更加紧凑，平衡上下是熟龄女性搭配的不变原则。

去参观美术馆时搭配一件白色的短外套，这样既休闲又不失优雅。

如果是第一次挑战短裤，可以和这种 A 字形白色外套搭配。稍长的款式让整体搭配看起来很协调，给人一种高雅的印象。再搭配一条同色系的豹纹围巾，给人一种冲击力。黑色的包和鞋给人冷静的感觉。

\ 基本款23 /

卫衣

用熟龄女性的眼光
选择潇洒的颜色、
上乘的材质，
摆脱给人的
便装印象。

卫衣有着运动元素的特性。在帽子上点缀一些蕾丝和褶皱将增添不同的感觉。这样既不过分甜美也显得很年轻。平时我们多用棉质，但是这款是质感上乘的针织面料。颜色可以是海军蓝、灰色等适合熟龄女性穿着的颜色。前襟的拉链如果可以上下开合的话，那么穿衣搭配适用的范围也会变大很多。

Sweater

STORY

为了提高卫衣的时尚度，选择款式和穿着方式很重要

很多人会问："卫衣也可以穿出时尚的感觉吗？"当然，答案是肯定的。但是，卫衣原本的作用是防寒、防风、防水，是运动气息很强的款式。为了穿出时尚感，卫衣的选择和穿着方法十分重要。如果像学生时代搭配牛仔裤等和卫衣同一类型的服装，就算再怎么搭配小饰品，都难以给人一种成熟的时尚之美。

另外，也要注意尽量避免类似于校服那样的，具有弹性质感的面料，而要选择质量上乘的针织面料。并且，千万不要按照运动服的样式去选购。还有，如果衣服的尺码过大的话，就会让人显得非常的孩子气，所以应该选择合适的尺码。在颜色上，也要避免那种过于活泼艳丽的类型，而要选择那种相对单纯雅致的花色，并且设计上也不要太显个性。衣服的长度或长或短都可以，就是不要正正好好。如果是双向拉链的话，既可以按照常规的做法，将拉链向上拉，也可以做成上下拉动的X形，总之，应该让衣服具有更加多样的穿法。

在这里提出很重要的一点就是，要选择冷色系的颜色，将整体的

线条营造得修长，这样给人感觉很清爽。将连帽卫衣的帽子作为穿着的关键点，注意不要在其他的部分添加可爱的元素。在选择内搭时要注意选择可以使领部看起来清爽的颜色。

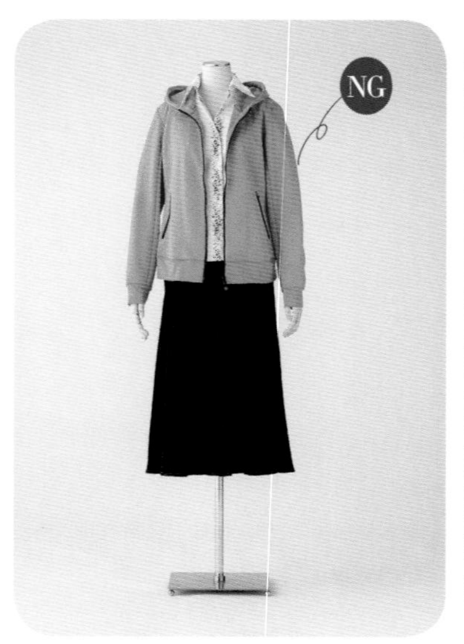

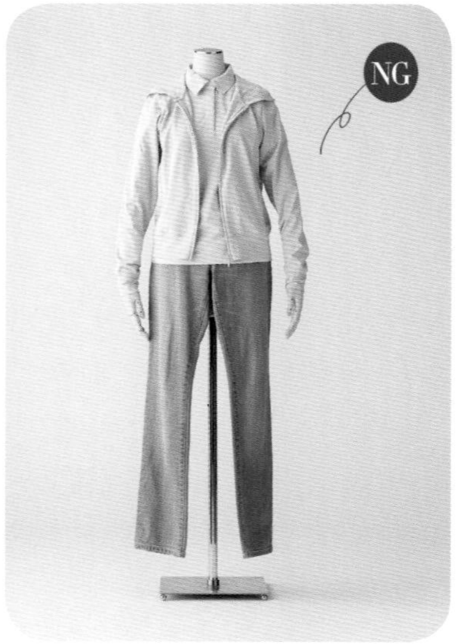

橙色和粉红色给人一种运动服的感觉，是不可选的颜色。

左图中搭配一件很有量感的半身裙，让人感觉很老土。

右图中和牛仔裤搭配就给人一种家居服的休闲感。

基本款23

将卫衣搭配
在里面，
整体造型很时髦。

春天出去购物时，卫衣外加一件外套让你有一种米兰时装秀的感觉。在经常穿着的印花衬衫外面加一件外套，中间用一件卫衣来连接的话，整体更加协调。

印花图案 & 横条纹，充满可爱气质的大孩子形象。

> > >

在一个充满阳光的春日里，满心欢喜地坐在咖啡店中，印花图案和横条纹的组合或许有些显老，但是外面只需要配上一件这样具有忧郁气质的外搭就一切OK了。因为它们彼此都是很合适的颜色，所以放在一切显得非常和谐。

想要穿出潇洒风格，试着搭配图中这样款式的裤子吧。

> > >

即使是我们经常穿着的裤子，如果搭配了一件卫衣就会给人与众不同的印象。将稍长款的卫衣像对襟开衫一样穿着，整体平衡感很好。再搭配上一条长款的项链效果会更好。

卫衣的穿着方式
很重要，搭配
印花百褶裙，
营造出熟龄女性的
浪漫气息。

通过卫衣上的拉链在前襟制造出 X 线条，这样不仅显示出女性的柔美感，还能使人显得苗条。多色的百褶裙给人一种冷静感。搭配一条蓝色的打底裤和漆皮皮鞋，使甜美和干练达到了完美的统一，显示出熟龄女性的可爱。

基本款24

条纹衫

正因为是常见的条纹衫，很容易给人便服的印象。选择搭配的关键就是避开那种经典款式，领部不要选择圆领的设计，而应选择船形或者 V 领的款式比较好。材质应该选择上乘的柔软的针织面料。最好选择过腰的长款，这样就能摆脱便装的感觉。如果有一件这样款式的条纹衫，在穿着时就能给人留下很好的印象。

Border pattern

STORY

条纹衫做到颜色的合理搭配，时尚度就会提高

条纹衫在选择款式时的关键是避免便服的感觉，而在穿着时的关键就是摆脱家居服的感觉。错误搭配范例中，无论是什么样的条纹衫只要与质地较厚的裤子搭配，都会给人一种家居服的印象，并且还会给人邋遢的感觉。

条纹衫的特点就是两种颜色相互交叉组合，如果我们能充分利用这一点，在衣服的配色上下功夫的话，那么就能提高穿衣打扮的品位。像上页的黑白配条纹衫，黑白比例并不是各占一半，不管哪种颜色多一点都会使衣服显得更加生动。黑色多一点就会显得更帅气，白色多一点就会给人感觉更加清爽、整洁。

如果是三种颜色的话，搭配时就会有更多的选择。加入一些显得年轻的颜色会更加有效果。首先让我们在领部加入一些能够吸引人眼球的围巾或者搭配一些有冲击力的鞋和包吧。

另外，在搭配时应该避免和有量感的服装一起穿着，因为这样会削

弱条纹衫给人的轻快感，甚至会像失败范例中那样给人感觉很老土。

总之，条纹衫搭配整体应该是轻快的风格，比如搭配上一条七分裤或者五分裤，这样就能营造出一种清爽感。熟龄女性在穿衣打扮方面成功的秘诀就是裤子的搭配。

左图中的服装很难给人时尚的感觉，而且也不适合和长款的裤子搭配（如右图）。

右图中圆领的条纹衫太过平凡，毫无时尚感可言。
质地厚重的裤子也给人一种家居服的感觉。

基本款24

搭配
黑色的五分裤，
穿出轻快感。
关键是要搭配
黑色的鞋子。

稍微长一点的针织条纹上衣和有光泽感的黑色五分裤搭配，看起来很酷。将针织上衣的腰部稍微收紧，就能使整体的服装搭配看起来很平衡协调。再搭配上一件闪闪发光的假领，去人气餐厅吃饭时也可以穿啦。

基本款24

从条纹衫的下摆处露出的蕾丝，给人一种温柔的印象。

> > >

通过搭配蕾丝内搭，让有着运动感的条纹衫向甜美风格转变。再搭配上一条面料柔软的裤子，这样的搭配让你又向着熟龄女性之美迈进了一步。

用条纹衫做内搭使整体风格活跃起来。

> > >

用条纹衫作为针织外套的内搭能更好地发挥出它的魅力。这款搭配的配色很简单，只有三种颜色。在此基础上，搭配一条红色花纹的围巾和一双红色的鞋子，就能使整体的风格变得华丽。这么一点关键的颜色就能起到很大的效果，让人惊叹。

和朋友聚会时，
搭配一件橘红色的裤子，
让你看起来
活力十足。

这样穿是不是太花哨了？对于橘红色的裤子，你也许会这样想，但是合理正确的穿衣方法，会让你看起来很年轻。内搭的白色衬衫和黑色的鞋子都能给人一种沉着冷静、成熟干练的感觉。再搭配一款张扬的包，就能打造出属于自己的成熟风格。

基本款25
工装裤

选择质轻有光泽的面料是关键。这是一款充满女人味的工装裤。

工装裤本来是码头工人所喜爱的裤型，因为它便于工人作业，腰胯两侧有两个口袋是它的特征。它有着普通裤子没有的娇媚和温暖，以前的工作服如今成了时尚界的新宠。选择时需要注意的就是它的面料。不选择有膨胀感的材质，而是选择添加了人造纤维的质轻、有光泽感的面料。这样不仅能让你看起来更加有女人味，还能使你看起来更加苗条。膝盖上面的口袋让你的腿看起来更加修长。并且工装裤的版型可以遮住腰和腹部的赘肉，是最适合熟龄女性的单品。

Cargo pants

STORY

为了使搭配不显得过于僵硬，应该稍微添加一些甜美元素，使整体搭配更有女人味儿

工装裤在搭配时关键就是要穿出女性美。正因为它是工作服的一种，在搭配时就不能显得不修边幅，不加修饰，否则就会给人一种粗糙的男人气。总之，从头到脚都要给人一种女性的美感，这个意识在穿衣打扮中十分重要。

具体来说，可以搭配蕾丝和有光泽感的上衣，或者是粉色、红色等鲜艳颜色的围巾。总之就是要添加一些甜美和柔软的元素。因为工装裤是比牛仔裤更加休闲的款式，所以搭配一些柔软的女性元素，就能使整体达到很好的平衡。颜色上推荐适合春夏季节的卡其色，卡其色是十分休闲的颜色，它和其他任何颜色都能很好地搭配，它有着黑色和米色所没有的轻快感，同时还能使整体搭配看起来很紧凑。遵循这一原则，精心挑选出具有女人味儿的工装裤，就能展现出成熟龄女性之美。

另外，鞋子的搭配也十分重要，它关系到你整体的搭配是否成功。春夏季节建议将裤腿挽起，让性感的脚踝给人深刻的印象。工装裤不适

合搭配运动鞋，我在此推荐凉鞋，这样就能露出脚趾，裤子的整体线条就很女性化。采取这样的搭配技巧，就能穿出工装裤的时尚感。

左图中，迷彩花纹工装裤在颜色选择上很失败，
而且上身搭配了一件宽松的polo衫，就像是穿了儿子的衣服一样。

右图中，工装裤的穿着太过粗犷，完全就是工作服的风格，是一例失败的搭配。

基本款25

通过搭配一款古典的女式包和蕾丝围巾，立即给工装裤增添了女人味。

给卡其色的工装裤搭配上一件竖条纹的短外套，内搭一件白色的衬衣，这样给人的印象很清爽。蕾丝围巾和红色的小包一下子增添了女人味儿。在学校或者其他正式场合，这样穿着既有女人味儿，又不失品位。

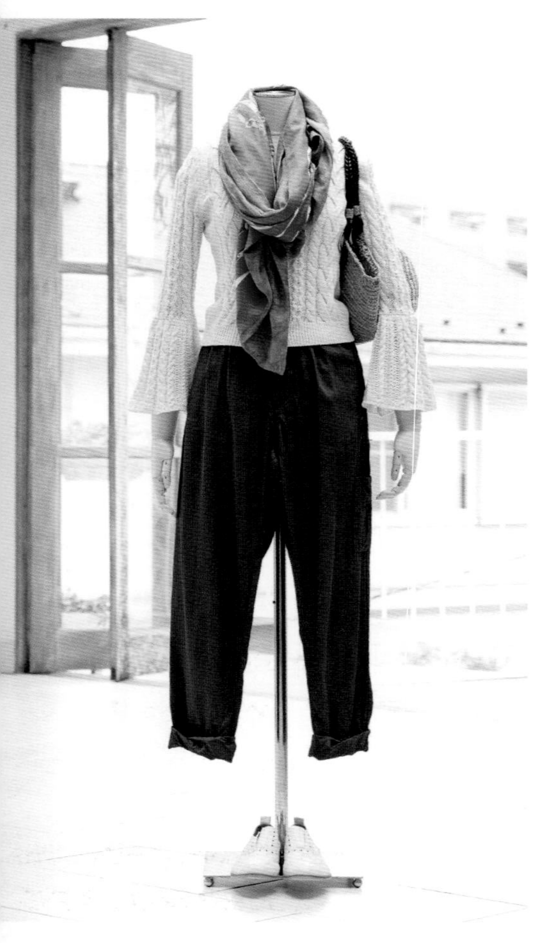

通过搭配麻花花纹的针织毛衣和鲜艳的围巾，给人温柔的印象。

＞＞＞

这款毛衣的袖口呈喇叭状，这就抑制了工装裤给人的僵硬感，并且显得很有品位。再搭配上一条华丽的围巾，映衬出了工装裤的魅力。这款丝绸的丝巾，随意地围起来，提升了熟龄女性的穿衣品位。

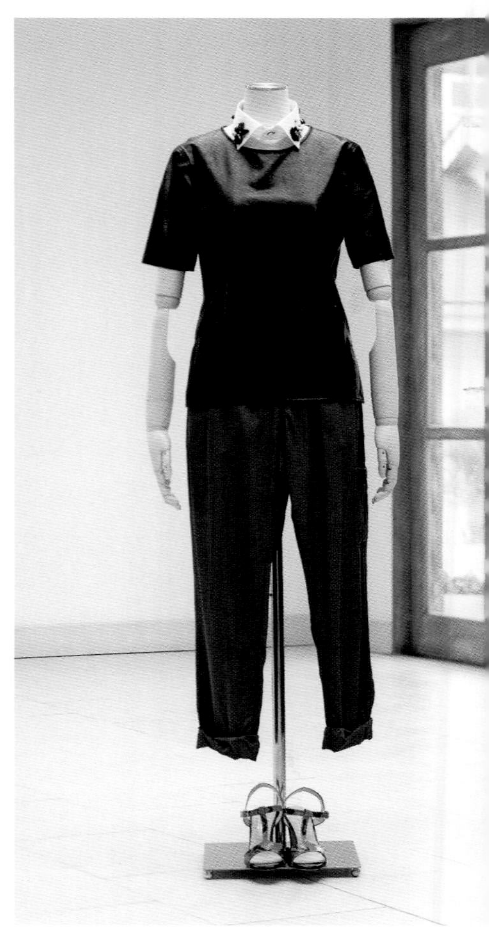

给时尚的着装上增添女性的成熟美。

＞＞＞

工装裤搭配黑色的T恤衫虽然很时尚，但是感觉有些僵硬。这时，搭配上一个白色的假领和露脚趾的凉鞋，女性的敏感和柔美就能很好地融合在一起。挽起裤腿，将工装裤变成九分裤穿着也很漂亮。

和朋友聚餐时，可以搭配上一件颜色鲜艳的对襟开衫或带有蕾丝的开衫，无论是颜色还是设计都很甜美，这样就中和了工装裤的粗犷。再搭配一条手工风格的时尚大项链，更能给人留下深刻的印象。

通过搭配颜色鲜艳的对襟开衫，使整体看起来更加甜美。

\ 基本款26 /

牛仔裤

近几年来，牛仔裤不断改进，成为时尚界永不褪色的流行单品。现在我们要严格挑选质轻、流行款式的牛仔裤。

因为牛仔裤的尺寸很宽松，所以很多人觉得穿着很方便。牛仔裤的材质、版型、加工方式都在发生着日新月异的变化。在面料上，牛仔裤也越来越柔软，与衣服很好搭配。这里推荐的这款牛仔裤版型宽松，十分舒适，适合各类人群，被称为“男友牛仔裤”。如果裤腿能够挽起来的话，就能给人一种轻快感，穿衣打扮的选择余地也会增加。现在检查一下你的牛仔裤够不够时尚吧。

Denim

STORY

牛仔裤对鞋的要求很高，选择一双漂亮的鞋子，使搭配看起来轻便灵活

就像人们常说的那样，不知道穿什么时，穿牛仔裤就对了。牛仔裤也是熟龄女性必不可少的单品。因为牛仔裤给人朴实自然的印象，所以我们一般习惯搭配T恤衫和女士衬衫等休闲款式。如果搭配一些优雅的款式，也可以提高我们的穿衣品位，但是，身材慢慢变形的熟龄女性还是尽量少穿过于休闲的款式为好。

在这里推荐的与牛仔裤搭配的是印花、有着透明感以及有着苏格兰粗花呢风格的上衣。这款服装华贵美丽，有女人味，十分适合熟龄女性。另外，穿衣搭配很讲究的一点就是鞋子的搭配。实际上，在穿着牛仔裤时，能否突出脚部，关系到整体造型给人的印象。那么，和牛仔裤搭配的鞋子是需要优雅还是需要时尚呢？这当然由整体的穿衣风格决定。选择一款华丽款式的鞋子，你的脚部就能吸引人的眼球，还可以使你的体形看起来更加修长。只有在这些细节之处下功夫，才能提高穿着牛仔裤时的着装品位。

在挑选牛仔裤时，最重要的一点就是试穿，需要根据服装的匹配度和舒适度选择款式。同样是牛仔裤，品牌不同，版型就不同。想要找到一款适合自己的牛仔裤，就要不停地试穿比较。

左图搭配了一件宽松版的T恤衫，显得很邋遢，不够精致，有家居服之嫌。

右图中高腰直筒的牛仔裤，给人感觉年代久远，很老土。
上身搭配了一件小碎花上衣同样给人不够时髦的感觉。

基本款26

和大胆的
印花上衣搭配，
优雅高贵，很适合
华丽隆重的
场合。

既然要和印花服饰搭配，那么与其选择小碎花，不如选择这种抽象风格的大花纹。这款牛仔裤和任何颜色搭配都没有问题，但是如果搭配蓝白相间的上衣就会显得更加高贵。最后，戴上黑色的贝雷帽，配上包、鞋，整体就更加紧凑。

和针织衫以及网状的女士衬衫搭配，给牛仔裤平添了几分亮丽。

> > >

想要穿出漂亮的搭配效果，必须在颜色上下功夫。这款红色的针织内搭和网状的女士衬衫，给整体增添了不少女人味儿。穿上身给人的感觉比较柔和，所以即使搭配短靴和球鞋袜，也不会给人装嫩的感觉。

通过搭配印花围巾，将简单的着装变得华丽。

> > >

这款上衣的前身是针织面料，后面是柔软的其他材质，并且采用了V领设计。随意地围上一款印花围巾，再穿上一款凉鞋，给人一种内敛的时尚感。

如果外出需要
穿着牛仔裤，那么
就搭配一件苏格兰风格的
粗花呢短外套和
一件丝绸内搭，突出
整体的正式感。

粗花呢短外套不仅能突出正式感，还能增添些许女人味，它的用途很广，是最好搭配的单品之一。海军蓝使整体风格更加潇洒，再搭配上淡粉色的鞋子和项链，让整个人洋溢着幸福感。

学习时尚的课程从今天开始也不晚

大街上有很多可以借鉴的实例，从中你就能明确美的标准是什么

你有没有抱着观察的心态走在大街上？我经常抱着寻找人或者物的心态走在大街上，与其说是职业习惯，不如说是高中时代就留下来的无意识的行为。

大街上有很多时尚的穿衣打扮的范本。虽然在杂志和电视上也可以找到这样的例子，但是自己身边的真实案例才最有参考价值吧。所以，我希望大家多多地把目光投向大街。

我一直以来持有的观点就是，想要成为时尚达人就要学会多观察人。走在大街上或在车站等车时，如果看到能让你眼前一亮的人，多用心琢磨琢磨是颜色搭配很好呢，还是围巾很别致，小饰品很漂亮？这些都可以成为你的参考理由。

但是，也有人会说根本就没有让我眼前一亮的人。确实，一周发现一个这样的人就算是很幸运了。但是，我们在寻找时尚达人的同时，也会发现完全相反的一类人。判断一个人是否懂得穿衣打扮的标准和理由就是你的时尚必修课。将这样休闲款式的鞋子换成浅口鞋会怎么样？这套衣服搭配一款白色的包会怎么样？当你在思考这类问题时，就已经开始了时尚训练。

让自己变美的穿衣方式，自己心仪喜欢的衣服……确定出适合自己的美的标准，你的品位也能慢慢修炼出来。

我们可以从商店的橱窗和展示的模特身上获得灵感和信息。

我们都希望自己的时尚打扮能够随季节转换而变化。但是，如果冬春更替天气还未转暖，就勉强地换上春天的服装也不合适，这时就应考虑搭配一些换季时的服装。在这里，我们从颜色和材质两方面向您介绍一些季节转换时可以穿着的服装。随着换季服装的改变，我们的心情也会焕然一新，让我们美美地迎接新的季节吧！

Lesson 4.

季节交替

关于季节转换时的穿衣打扮

改变外套换形象

从冬季向春季的转换

从厚呢短大衣到棉质长款大衣

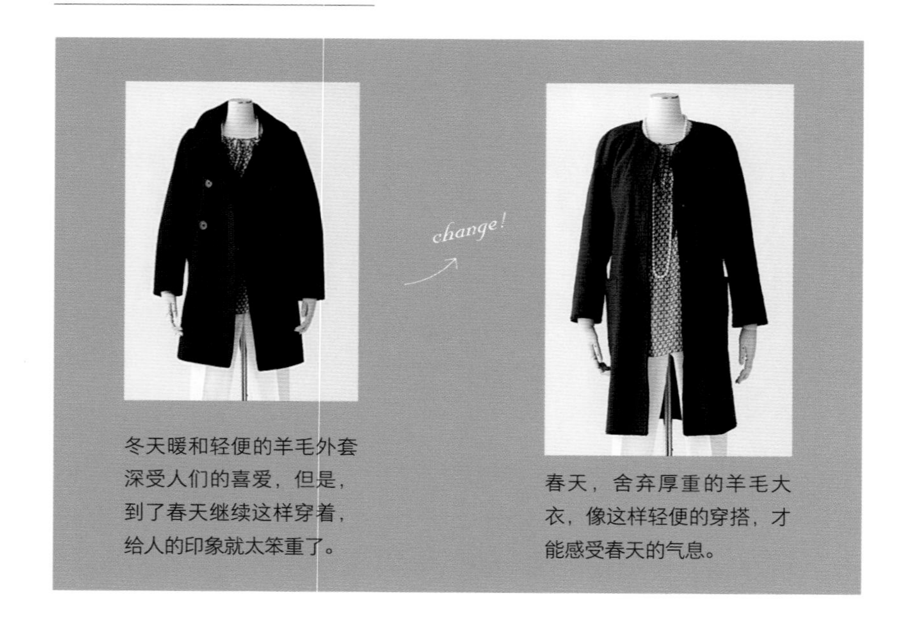

冬天暖和轻便的羊毛外套深受人们的喜爱，但是，到了春天继续这样穿着，给人的印象就太笨重了。

春天，舍弃厚重的羊毛大衣，像这样轻便的穿搭，才能感受春天的气息。

脱掉羊毛外套，换上轻便材质的外套

有人说阳春三月乍暖还寒，还不足以脱掉外套。在整体着装中占大面积比例的外套，很可能会左右给人的印象。如果总是穿着冬天的羊毛外套，无论如何都不会让人感受到春天的气息。

在这里，我们需要选择的就是手感较薄、保温性也比较好的棉质外套。即使是和冬天的外套相同的海军蓝色，也因为手感轻薄而有春天的气息。在阳光明媚的日子穿上一件这样的衣服吧。

基本款27
长款外套

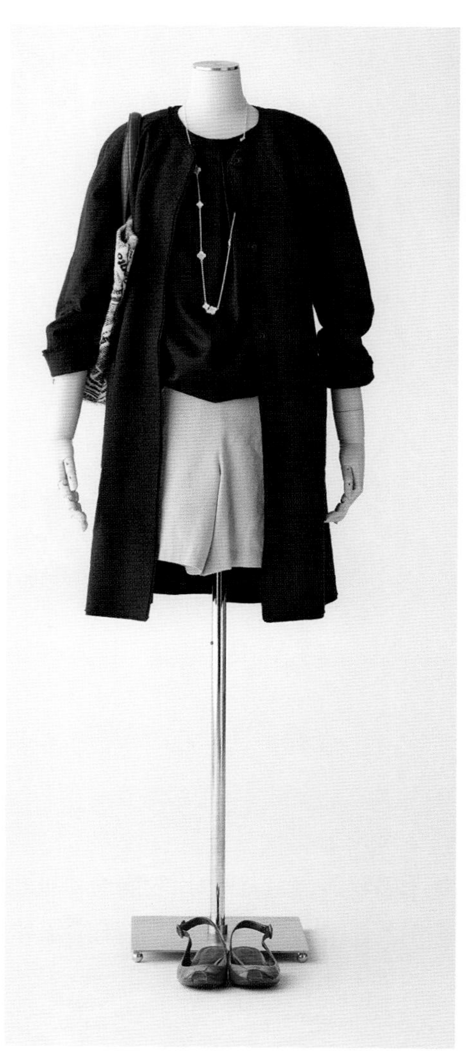

有质感的藏青色棉质外套。

> > >

在春天人们最想穿的就是这样棉质的、可以御寒又时尚的外套。颜色可以选择藏青色。

5月份可以穿上五分裤，打造出轻快的造型。

> > >

藏青色和米色是知性熟龄女性的黄金配色，以这样的穿着来彰显春天的轻快感。如果搭配上一件及膝外套，便能和五分裤形成很好的呼应。

改变外套换形象

从冬季向春季的转变

羽绒服换成带腰带的双排扣的外套

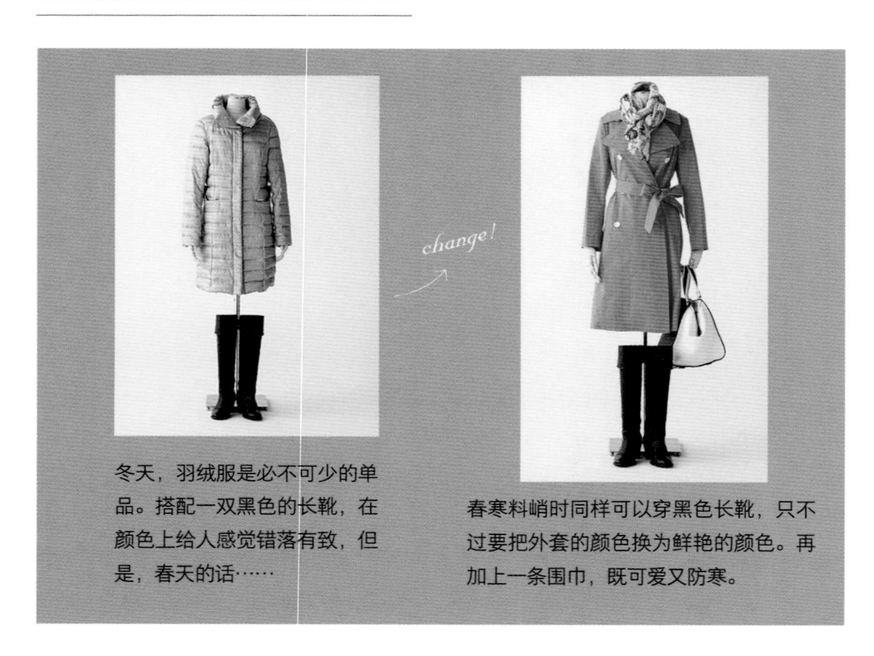

冬天，羽绒服是必不可少的单品。搭配一双黑色的长靴，在颜色上给人感觉错落有致，但是，春天的话……

春寒料峭时同样可以穿黑色长靴，只不过要把外套的颜色换为鲜艳的颜色。再加上一条围巾，既可爱又防寒。

通过搭配颜色鲜艳的有腰带的双排扣外套，尽情享受春天的气息

外套一般是服装中花费较多、较高档的款式，我们很容易考虑到理性的冷色调搭配。但是，我们推荐在选择春天的外套时，可以挑战一下大胆的颜色和花纹。这个款型的外套在任何季节都能穿，但是鲜艳的橘红色就是专属于春天的颜色了，穿上一件活力四射的外套，感知春天的时尚带给人们的乐趣吧。

基本款28

有腰带的双排扣外套

能带给自己和周围人明媚愉悦心情的橘红色外套。

> > >

这款外套是棉和纤维的混合材质，最重要的是它鲜艳的颜色所焕发的魅力。面料还能挡风，保暖性能很强。

通过搭配印花和白色的单品，使整体颜色更加鲜艳。

> > >

春天的外套大多数是敞开穿的。上衣的花纹中带有橘红色，和白色的裤子搭配后整体更加紧致、整体感强。这样轻快、华丽的搭配很适合在春天穿着。

改变小饰品换形象

从冬季向春季的转变

改变围巾

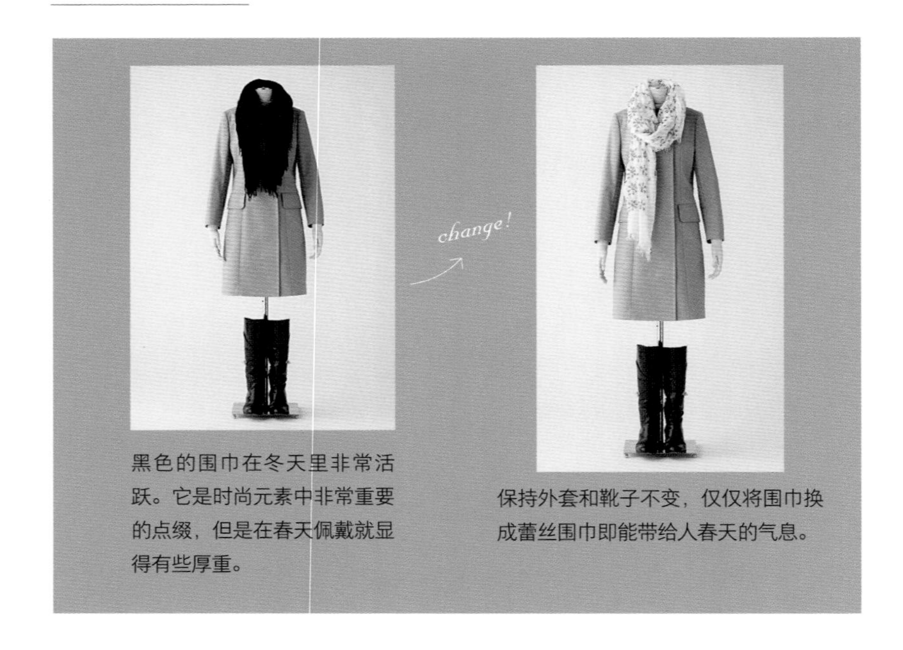

黑色的围巾在冬天里非常活跃。它是时尚元素中非常重要的点缀，但是在春天佩戴就显得有些厚重。

保持外套和靴子不变，仅仅将围巾换成蕾丝围巾即能带给人春天的气息。

人们很容易将注意力集中在领部，所以这里应该尽早换成明亮的颜色

季节转换时，人们很容易滞后小饰品的转换。但其实小饰品能够在很大程度上左右给人的整体印象。我们应该把羊绒和针织围巾这些冬天常穿的款式换成蕾丝和棉质围巾。这样轻薄的一款围巾不仅能带来强烈的春天气息，而且它的保暖性还非常好，十分方便。

基本款29
围巾

保暖的蕾丝质地轻薄围巾。

> > >

这款围巾带给人强烈的春天气息，而且材质柔软。轻绕颈间，便能给人留下深刻印象。

和牛仔裤搭配时，随意搭在颈间轻盈变装。

> > >

和牛仔裤、对襟开衫搭配时，围巾不用交叉，就这样自然搭在两侧就很有淑女气质，而且还能显得身材修长。

改变短外套换形象

从冬季向春季的转变

从羽绒服变装为彩色短外套

春光明媚时人们总喜欢穿上横条纹的服饰和牛仔裤。但是如果外面罩一件黑色的羽绒服就和季节不相称了。

穿上一件深蓝色的短外套，清爽高贵，上街时可以这样穿着。

通过搭配深蓝色的短外套，穿出高贵感

冬去春来，是时候脱下羽绒服华丽变身了。这是一款既舒适又不失正式感的短外套。这款外套的鲜艳颜色、略微膨胀感的衣领、收腰的线条使整件衣服富有节奏。它不仅有正式感，羊绒的材质也使其穿着十分舒服，没有压力，就像冬天的羽绒服一样轻薄，是一款充满女人味的春装。

基本款30
彩色短外套

有立体感、有膨胀感的优雅西装领。

> > >

领子中有棉质的填充物，看起来很饱满，给人以柔和的印象。这种错落有致的感觉提升了女人味。

内搭一件长款衬衫，留给人深刻印象。

> > >

搭配一件白色的丝绸质长款衬衣和黑色七分裤，立即焕发出春天的气息。以不同长度的单品错落搭配，显得很时髦。

改变裤子换形象

从冬季向春季的转变

从长裤到七分裤的转变

给网格花纹的短外套搭配一件黑色的长裤就显得黑色太多，整体不够清爽。

仅仅改变裤子的长度就能给人轻快的时尚感。七分裤给人感觉更加年轻，整体搭配平衡自然。

轻快的裤子长度既有春天的气息又合时宜，可以提升你的穿衣品位

我们经常穿着的黑色长裤，到了春天也应该换下来了。首先需要关注的就是它的长短。将长裤换成可以看到脚踝的七分裤，就能给人一种清爽利落的感觉。对于身材娇小的人来说，看起来也很平衡。这样除了可以搭配浅口鞋，其他鞋子也都可以搭配。这样服装的选择也多了起来。

基本款31
七分裤

添加了尼龙材质的黑色裤子不会显得过于厚重。

> > >

舍弃冬天的纯毛裤子，添加了尼龙成分的裤子使整体更加轻快，也更加端庄。

和颜色鲜艳的春装搭配，穿出轻快感。

> > >

正因为要与白色以及鲜艳颜色的衣服相搭配，裤子的长短显得尤其重要。如果是长裤就显得过于厚重，七分裤的话不仅轻快，还能使整体看起来更加平衡。

COLUMN

追求成熟美

4

美丽无界限

只要你心存美的意识
并且为之努力，到了多大年龄
都可以很漂亮。

听取他人的意见也是你成为时尚达人的重要途径。

自己有客观的眼光并且能够听取他人的意见十分重要

在向越来越多的客人提供建议的过程中，我越发觉得，一个女人不管什么年龄都是可以变漂亮的。很多女士相夫教子的同时想更好地经营自己，她们想变得更加时尚。这不仅仅限于在特别的日子里穿什么，或者明天穿什么，更重要的是要享受每天的时尚乐趣。在穿衣搭配的过程中从家人、朋友、同事那里获得自信，这样的自信也会使自己更加光芒四射。我身边就有很多这样的例子。虽然追求时尚不是她们生活的全部，但是她们确实很时尚。

成为时尚达人的一个通用法则就是真诚地倾听他人的意见，客观地对待自己，不断地挑战自己没有穿过的款式，这是一种冒险，也是一种追求成熟之美的锻炼。另外，熟龄女性若要更加漂亮，不仅仅靠衣服，还需要肌肤的保养、内衣的选择以及妆容的选择，这些都很重要。这样你不仅会更加时尚，还能增加自己的魅力指数。因此，我想追求时尚不正是女性成长的要素之一吗？

不害怕冒险，从尝试各种款式开始。

附录

春夏内搭基本款

基本款32

内敛的有光泽感的服装使熟龄女性更加帅气。

\>>>

和基本款02服装搭配。这款服装的前身是针织衫，并且加入了银线，让光泽感很好地融入了休闲款式当中。作为短外套的内搭会增添个性。

基本款33

看起来很时髦的黑白配T恤衫。

\>>>

和基本款01服装搭配。这款T恤衫前面是黑白配色，后面是纯黑色。既可以作为内搭来穿，脱掉外套之后也很时尚。长度刚好可以遮住小肚子。

春夏适合成熟人士的内搭

在选择内搭时你是不是因为看不到所以并不太用心呢？确实，内搭并不是专门露出来让人观赏的，但是，它起着很重要的衬托作用。

熟龄女性的内搭不能只图好看，还要注意胸部不能太过暴露，活动时不能露出背部和肚子等，挑选的条件也很严格。如果有好的内搭，穿衣搭配也会比较顺利。

基本款34

这是一款让熟龄女性华美中不失可爱的内搭。

>>>

收口的袖口、V领设计，都是让熟龄女性看起来漂亮的绝妙设计，很容易和各种款式的外套搭配，外穿也很不错。

基本款35

带褶的内搭可以遮盖身材上的不完美。

> > >

胸前的褶印让你显得更加年轻，也使你的上半身看起来更加苗条。有场合需要脱掉上衣的话，试着搭配一件这样的内搭吧。

基本款36

这款内搭穿着舒适，领口和袖口简单清爽。

> > >

这款内搭可以很好地秀出熟龄女性的颈部线条，削肩的设计不会兜到肩膀部分的赘肉，看起来很清爽。贴身亲肤的面料也很舒服。

基本款37

正因为是吊带背心，所以应该选择可以遮住肚子的长款。

> > >

和长款的外套以及对襟开衫搭配时，如果吊带背心太短就会看到肚子。这样稍长一些的吊带背心就让人很放心。淡灰色是常备款式之一。

基本款38

这是一款冷静、漂亮，颜色看起来很高档的蓬蓬衫。

> > >

和基本款04服装搭配。和长款的对襟开衫搭配时，这款线条优美的蓬蓬衫可以提升你的时尚度。它的肩带也比较宽，很好搭配内衣。

基本款39

随风摇曳的下摆，带给你更多春天的气息。

> > >

和基本款16服装搭配。这款瘦版、尺寸较长的内搭使你看起来更显瘦。灰白色给人一种干练的印象。

基本款40

这款内搭使用了风格甜美的丝带，可将人们的视线集中到上半身。

> > >

上半身给人的印象很华丽。下摆处柔和的线条很自然地遮盖住了肚子上赘肉，这也是它的魅力所在。

基本款41

提高穿衣品位的蕾丝内搭。

> > >

藏青色和白色混织的蕾丝很漂亮，提升了整件衣服的档次。后面是丝绸材质，和外套很好搭配。吊带背心的设计更能凸显颈部和肩部的线条。不宽不窄的袖口也恰到好处。

基本款42

黑色透明感的吊带衫，春天穿也不显得厚重。

> > >

这款吊带衫的中间面料稍厚，两边面料有透明感，这使得它虽然是黑色但并不显得厚重。随风摇摆的线条也很美，是值得拥有的一款内搭。

基本款43

带有蕾丝和细褶皱的内搭。

> > >

这款内搭使得熟龄女性显得很秀气。这款甜美风格的内搭，从短外套中露出的一角增添了一抹女人味。

图书在版编目(CIP)数据

优雅与质感. 4, 熟龄女人的风格着装 / (日) 石田纯子著 ; 千太阳译. --2版. -- 桂林 : 漓江出版社, 2020.7

ISBN 978-7-5407-8750-9

Ⅰ. ①优… Ⅱ. ①石… ②千… Ⅲ. ①女性-服饰美学 Ⅳ. ①TS941.11

中国版本图书馆CIP数据核字(2019)第226711号

优雅与质感. 4：熟龄女人的风格着装
YOUYA YU ZHIGAN 4： SHULING NÜREN DE FENGGE ZHUOZHUANG

作　　者 [日]石田纯子　　译　　者 千太阳
摄　　影 [日]澤岐信孝

出 版 人 刘迪才
策划编辑 符红霞　　责任编辑 王成成
封面设计 桃　子　　内文设计 page11
责任校对 赵卫平　　责任监印 黄菲菲

出版发行 漓江出版社有限公司
社　　址 广西桂林市南环路22号　邮编 541002
发行电话 010-65699511 0773-2583322
传　　真 010-85891290 0773-2582200
邮购热线 0773-2582200
电子信箱 ljcbs@163.com　微信公众号 lijiangpress

印　　制 北京中科印刷有限公司
开　　本 880 mm × 1230 mm 1/32　印　　张 5.25　字　　数 75千字
版　　次 2020年7月第2版　印　　次 2020年7月第1次印刷
书　　号 ISBN 978-7-5407-8750-9
定　　价 38.00元

好书推荐

《优雅与质感1——熟龄女人的穿衣圣经》

[日]石田纯子/著 宋佳静/译

时尚设计师30多年从业经验凝结，

不受年龄限制的穿衣法则，

从廓形、色彩、款式到搭配，穿出优雅与质感。

《优雅与质感2——熟龄女人的穿衣显瘦时尚法则》

[日]石田纯子/著 宋佳静/译

扬长避短的石田穿搭造型技巧，

突出自身的优点、协调整体搭配，

穿衣显瘦秘诀大公开，穿出年轻和自信。

《优雅与质感3——让熟龄女人的日常穿搭更时尚》

[日]石田纯子/著 千太阳/译

衣柜不用多大，衣服不用多买，

现学现搭，用基本款&常见款穿出别样风采，

日常装扮也能常变常新，品位一流。

《优雅与质感4——熟龄女人的风格着装》

[日]石田纯子/著 千太阳/译

43件经典单品+创意组合，

帮你建立自己的着装风格，

助你衣品进阶。

好书推荐

《手绘时尚巴黎范儿1——魅力女主们的基本款时尚穿搭》

[日]米泽阳子/著 袁淼/译

百分百时髦、有用的穿搭妙书，

让你省钱省力、由里到外

变身巴黎范儿美人。

《手绘时尚巴黎范儿2——魅力女主们的风格化穿搭灵感》

[日]米泽阳子/著 满新茹/译

继续讲述巴黎范儿的深层秘密，

在讲究与不讲究间，抓住迷人的平衡点，

踏上成就法式优雅的捷径。

《手绘时尚范黎范儿3——跟魅力女主们帅气优雅过一生》

[日]米泽阳子/著 满新茹/译

巴黎女人穿衣打扮背后的生活态度，

巴黎范儿扮靓的至高境界。

《选对色彩穿对衣（珍藏版）》

王静/著

“自然光色彩工具”发明人为中国女性

量身打造的色彩搭配系统。

赠便携式测色建议卡+搭配色相环。

《识对体形穿对衣（珍藏版）》

王静/著

“形象平衡理论”创始人为中国女性

量身定制的专业扮美公开课。

体形不是问题，会穿才是王道。

形象顾问人手一册的置装宝典。

《围所欲围（升级版）》

李昀/著

掌握最柔软的时尚利器，

用丝巾打造你的独特魅力；

形象管理大师化平凡无奇为优雅时尚的丝巾美学。

好书推荐

《女人30^+——30^+女人的心灵能量》

(珍藏版)

金韵蓉/著

畅销20万册的女性心灵经典。

献给20岁：对年龄的恐惧变成憧憬。

献给30岁：于迷茫中找到美丽的方向。

《女人40^+——40^+女人的心灵能量》

(珍藏版)

金韵蓉/著

畅销10万册的女性心灵经典。

不吓唬自己，不如临大敌，

不对号入座，不坐以待毙。

《优雅是一种选择》(珍藏版)

徐俐/著

《中国新闻》资深主播的人生随笔。

一种可触的美好，一种诗意的栖息。

《像爱奢侈品一样爱自己》(珍藏版)

徐巍/著

时尚主编写给女孩的心灵硫酸。

与冯唐、蔡康永、张德芬、廖一梅、张艾嘉等

深度对话，分享爱情观、人生观！

《时尚简史》

[法] 多米尼克·古维烈 /著　治棋 /译

流行趋势研究专家精彩“爆料”。

一本有趣的时尚传记，一本关于审美潮流与

女性独立的回顾与思考之书。

《点亮巴黎的女人们》

[澳]露辛达·霍德夫斯/著　祁怡玮/译

她们活在几百年前，也活在当下。

走近她们，在非凡的自由、爱与欢愉中

点亮自己。

《巴黎之光》

[美]埃莉诺·布朗/著　刘勇军/译

我们马不停蹄地活成了别人期待的样子，

却不知道自己究竟喜欢什么、想要什么。

在这部“寻找自我”与“勇敢抉择”的温情小说里，你会找到自己的影子。

《属于你的巴黎》

[美]埃莉诺·布朗/编　刘勇军/译

一千个人眼中有一千个巴黎。

18位女性畅销书作家笔下不同的巴黎。

这将是我们巴黎之行的完美伴侣。

好书推荐

《中国绅士（珍藏版）》

靳羽西/著

男士必藏的绅士风度指导书。

时尚领袖的绅士修炼法则，

让你轻松去赢。

《中国淑女（珍藏版）》

靳羽西/著

现代女性的枕边书。

优雅一生的淑女养成法则，

活出漂亮的自己。

《嫁人不能靠运气——好女孩的24堂恋爱成长课》

徐徐/著

选对人，好好谈，懂自己，懂男人。

收获真爱是有方法的，

心理导师教你嫁给对的人。

《一个人的温柔时刻》

李小岩/著

和喜欢的一切在一起，用指尖温柔，换心底自由。

在平淡生活中寻觅诗意，

用细节让琐碎变得有趣 。

《手绘张爱玲的一生——优雅是残酷单薄的外衣》

画眉/著·绘

在我们的人生树底处

盘几须张爱玲的根是幸运的，

她引领我们的灵魂过了铁，而仍保有舒花展叶的温度。

《手绘三毛的一生——在全世界寻找爱》

画眉/著·绘

倘若每个人都是一种颜色，

三毛绝对是至浓重彩的那种，但凡沾染，终生不去。

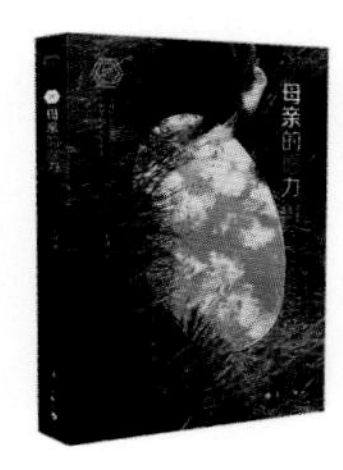

《母亲的愿力》

赵婕/著

女性成长与幸福不得不面对的——

如何理解“带伤的母女关系”，与母亲和解；

当女儿成为母亲，如何截断轮回，不让伤痛蔓延到孩子身上。

《女人的女朋友》

赵婕/著

女性成长与幸福不可或缺的——

女友间互相给予的成长力量，女友间互相给予的快乐与幸福，

值得女性一生追寻。

悦 读 阅 美 · 生 活 更 美